山西省五大流域常见水生生物图志

李 超 袁 进 惠晓梅 杜世勋 王爱花 郭新亚 编著

科学出版社

北 京

内 容 简 介

本书系统地介绍了山西省汾河、沁河、桑干河、滹沱河和漳河五大流域的水生生物情况，收录了鱼类、底栖动物、浮游植物、浮游动物、水生和岸带植物共274项物种信息，对各类物种的分类地位、形态特征、生活习性、分布位置均做了详细的介绍。此外，根据相关文献资料，还整理了历史上山西省五大流域中曾经采集到的水生生物物种及其分布情况。

本书可供从事环境监测和河流生态调查的相关专业人员学习、查阅水生生物知识和信息，了解山西省河流水生态现状，同时可以为广大读者关注、学习、了解水生生物提供一定的参考。

图书在版编目（CIP）数据

山西省五大流域常见水生生物图志 / 李超等编著. —北京：科学出版社，2023.6

ISBN 978-7-03-075733-3

Ⅰ. ①山⋯　Ⅱ. ①李⋯　Ⅲ. ①流域—水生生物—山西—图集　Ⅳ. ① Q178.51-64

中国国家版本馆 CIP 数据核字（2023）第104405号

责任编辑：马琦杰　李　莎 / 责任校对：马英菊
责任印制：吕春珉 / 封面设计：东方人华平面设计部

科 学 出 版 社 出版
北京东黄城根北街16号
邮政编码：100717
http://www.sciencep.com

北京中科印刷有限公司 印刷
科学出版社发行　各地新华书店经销

*

2023年6月第 一 版　　开本：787×1092 1/16
2023年6月第一次印刷　　印张：12
　　　　　　　　　　　　字数：284 000
定价：120.00元
（如有印装质量问题，我社负责调换〈中科〉）
销售部电话 010-62136230　编辑部电话 010-62138978-2046

版权所有，侵权必究

前言 FOREWORD

山西省地处太行山与黄河中游峡谷之间，境内山峰林立，太行山脉与吕梁山脉遥相呼应，晋祠泉、娘子关泉、辛安泉等泉流遍布全省，发源于省内的汾河、沁河、桑干河、滹沱河、漳河每年向下游的北京、河北、河南等地输送大量水资源，因而享有"华北水塔"的美誉。省内河流分属黄河、海河两大流域，其中黄河流域面积为97138km^2，海河流域面积为59133km^2，全省流域面积大于10000km^{2}的河流有5条，分别为汾河、沁河、桑干河、滹沱河和漳河。

河流对人类的作用广泛且重要，既可为工业、农业和居民生活提供丰富的淡水和鱼虾藻类等资源，同时又具有航运、发电等功能，更重要的是河流中的生态系统作为生物圈的重要组成部分，直接参与了与人类生活紧密相关的物质循环和能量流动。河流生态系统中的水生生物可以通过食物链实现物质的循环与能量的传递，同时其物种种类与分布还能直观地反映河流水生态环境质量优劣，与常规的理化指标相比，更加直观，也更容易被人们所理解。

本书共包括7章。第1章为五大流域概况，介绍了山西省河流调查工作的基本情况；第2章为鱼类，主要记录了山西省五大流域内分布的鱼类物种及其生理特性；第3章为底栖动物，主要记录了山西省五大流域内分布的底栖动物物种及其生理特性；第4章为浮游植物，主要记录了山西省五大流域内分布的浮游植物物种及其生理特性；第5章为浮游动物，主要记录了山西省五大流域内分布的浮游动物物种及其生理特性；第6章为水生和岸带植物，主要记录了山西省五大流域内分布的水生和岸带植物物种及其生理特性；第7章为山西省水生生物名录及分布概况，主要介绍了山西省五大流域水生生物名录和分布情况。

本书的撰写分工如下：第1章由李超、袁进、杜世勋编写，第2章和第5章由惠晓梅、王爱花编写，第3章由李超、惠晓梅编写，第4章由李超、王爱花编写，第6章和第7章由王爱花、郭新亚编写。全书由李超审阅和定稿。

本书得到了山西省生态环境厅和山西省生态环境研究中心各级领导的关心支持，在调查和物种鉴定过程中得到了中国科学院水生生物研究所的热心帮助，在书稿编写的过程中得到了中国科学院动物研究所赵亚辉博士、中国环境科学研究院肖能文博士的宝贵建议，在此一并表示感谢。最后特别感谢曾经参与调查工作的任宇泽、李婧玮、郭恒杰、党鑫等，谢谢他们付出的辛勤劳动和做出的卓越贡献。

由于作者水平有限，书中不足之处在所难免，恳请读者惠予指正。

李 超

2022年8月

目录 CONTENTS

第1章　五大流域概况 ···1

 1.1　山西省河流概况 ···1
 1.2　调查工作概况 ···6

第2章　鱼类 ···7

 2.1　泥鳅 *Misgurnus anguillicaudatus* (Cantor, 1842)···7
 2.2　大鳞副泥鳅 *Paramisgurnus dabryanus* Dabry de Thiersant, 1872 ·························8
 2.3　达里湖高原鳅 *Triplophysa dalaica* (Kessler, 1876) ···9
 2.4　武威高原鳅 *Triplophysa wuweiensis* (Li et Chang, 1974)·······································9
 2.5　粗壮高原鳅 *Triplophysa robusta* (Kessler, 1876) ··10
 2.6　隆头高原鳅 *Triplophysa alticeps* (Herzenstein, 1888)···10
 2.7　北鳅 *Lefua costata* (Keslser, 1876)··11
 2.8　鲤 *Cyprinus carpio* Linnaeus, 1758 ··12
 2.9　鲫 *Carassius auratus* (Linnaeus, 1758) ··12
 2.10　草鱼 *Ctenopharyngodon idellus* (Valenciennes, 1844)··13
 2.11　黄河雅罗鱼 *Leuciscus chuanchicus* (Kessler, 1876) ···14
 2.12　拉氏大吻鱥 *Rhynchocypris lagowskii* (Dybowski, 1869) ···································15
 2.13　鲢 *Hypophthalmichthys molitrix* (Valenciennes, 1844) ··15
 2.14　䱗 *Hemiculter leucisculus* (Basilcwsky, 1855) ··16
 2.15　麦穗鱼 *Pseudorasbora parva* (Temminck et Schlegel, 1846)····························17
 2.16　棒花鱼 *Abbottina rivularis* (Basilewsky, 1855) ··17
 2.17　棒花鮈 *Gobio rivuloides* Nichols, 1925 ···18
 2.18　黄河鮈 *Gobio huanghensis* Lo, Yao et Chen, 1977 ··19
 2.19　短须颌须鮈 *Gnathopogon imberbis* (Sauvage et Dabry, 1874)·························20
 2.20　黑龙江鳑鲏 *Rhodeus sericeus* (Pallas, 1776)···20
 2.21　高体鳑鲏 *Rhodeus ocellatus* (Kner, 1866) ··21
 2.22　中华鳑鲏 *Rhodeus sinensis* Günther, 1868 ··21

2.23 马口鱼 *Opsariichthys bidens* Günther, 1873 ·········· 22
  2.24 宽鳍鱲 *Zacco platypus* (Temminck et Schlegel, 1846) ·········· 23
  2.25 子陵吻鰕虎鱼 *Rhinogobius giurinus* (Rutter, 1897) ·········· 23
  2.26 波氏吻鰕虎鱼 *Rhinogobius cliffordpopei* (Nichols, 1925) ·········· 24
  2.27 小黄黝鱼 *Micropercops swinhonis* (Günther, 1873) ·········· 25
  2.28 太阳鱼 *Lepomis gibbosus* (Linnaeus, 1758) ·········· 25
  2.29 乌鳢 *Channa argus* (Cantor, 1842) ·········· 26
  2.30 鲇 *Silurus asotus* Linnaeus, 1758 ·········· 26
  2.31 黄颡鱼 *Pelteobagrus fulvidraco* (Richardson, 1846) ·········· 27
  2.32 青鳉 *Oryzias latipes* (Temminck et Schlegel, 1846) ·········· 28
  2.33 池沼公鱼 *Hypomesus olidus* (Pallas, 1811) ·········· 28

第3章 底栖动物 ·········· 30

  3.1 节肢动物门 Arthropoda ·········· 30
  3.2 软体动物门 Mollusca ·········· 48
  3.3 环节动物门 Annelida ·········· 53
  3.4 扁形动物门 Platyhelminthes ·········· 56

第4章 浮游植物 ·········· 57

  4.1 蓝藻门 Cyanophyta ·········· 58
  4.2 硅藻门 Bacillariophyta ·········· 62
  4.3 绿藻门 Chlorophyta ·········· 70
  4.4 甲藻门 Pyrrophyta ·········· 82
  4.5 裸藻门 Euglenophyta ·········· 84
  4.6 隐藻门 Cryptophyta ·········· 86
  4.7 金藻门 Chrysophyta ·········· 87

第5章 浮游动物 ·········· 89

  5.1 原生动物 Protozoa ·········· 90
  5.2 轮虫 Rotifera ·········· 96
  5.3 枝角类 Cladocera ·········· 103
  5.4 桡足类 Copepods ·········· 104

第6章 水生和岸带植物 ········· 106

6.1 单子叶植物纲 Monocotyledoneae ········· 106
6.2 双子叶植物纲 Dicotyledoneae ········· 122
6.3 蕨纲 Filicopsida ········· 148
6.4 木贼纲 Equisetinae ········· 149

第7章 山西省水生生物名录及分布概况 ········· 150

索引 ········· 178

参考文献 ········· 183

第1章 五大流域概况

河流是自然水环境的重要组成部分，与人类的繁衍发展息息相关。除了航运、灌溉、饮用等功能外，河流中的水生生物还对保持生态平衡、提供水产资源具有重要意义。水生生物是河流生态系统的重要组成部分，是物质循环、能量流动的重要载体，其主要包括鱼类、底栖动物、浮游生物、水生植物等。然而，随着经济的发展，受到工农业污染、水资源过度开采、采砂开挖等人类活动的影响，河流自然生境遭到破坏，各类水生生物的种类、数量、结构均发生了较大改变。

近年来，山西省加大了河流生态环境的保护力度，为保护与合理利用水产种质资源及其生态环境，已建成国家级水产种质资源保护区3处，分别为圣天湖鲶鱼黄河鲤国家级水产种质资源保护区、沁河特有鱼类国家级水产种质资源保护区、黄河中游禹门口至三门峡段国家级水产种质资源保护区（该保护区跨山西省、陕西省和河南省），保护区域面积近20000hm²。自2015年以来，山西省开始启动汾河、沁河、桑干河、滹沱河、漳河等流域的生态修复与保护工作，改善水生生物的生存环境。随着水生生物相关研究的不断深入，其对河流环境变化的响应已逐步应用于生态环境监测与评价等工作中。《重点流域水生态环境保护"十四五"规划编制技术大纲》中明确把水生态作为"十四五"期间流域保护的重点内容，其中就包括水生生物的调查和重现要求。为了更好地保护山西省河流环境，提供基础资料支撑，本书在2017年开展的山西省水生生物多样性调查评估工作成果基础上，全面展示了汾河、沁河、桑干河、滹沱河、漳河五大流域自然河道中常见的水生生物情况。由于本书中内容主要依据的是2017年调查结果，因此相关河流信息（水文、水质等）也以当时情况为主。

1.1 山西省河流概况

山西省内河流主要分属于黄河、海河两大流域，其中，黄河流域面积占全省流域面积的62.2%，包括流经省境西、南边界的黄河干流、汾河、沁（丹）河；海河流域面积占全省流域面积的37.8%，包括属于永定河水系的桑干河、子牙河水系的滹沱河、漳卫南运河水系的清漳河与浊漳河等。除黄河干流外，汾河、沁河、桑干河、滹沱河、漳河是山西省内仅有的5条流域面积大于10000km²的河流，五大流域面积约占全省面积的66%，是主要的人口和工农业集聚区，对山西省的经济发展和生态环境保护具有举足轻重的作用。

1.1.1 汾河流域

汾河是黄河第二大支流，也是山西省最大的河流，发源于忻州市宁武县东寨镇管涔山脉，干流自北向南纵贯太原、临汾两大盆地，于万荣县庙前村附近汇入黄河，全长716km，上游段为源头至太原市尖草坪区上兰村，中游段为上兰村至临汾市洪洞县石滩，下游段为石滩至万荣县庙前村，汇入黄河。流域面积39721km²，涉及忻州、太原、吕梁、临汾、运城、阳泉、长治、晋城、晋中9市51县（市、区）。汾河支流中流域面积大于1000km²的河流有岚河、潇河、昌源河、文峪河、双池河、洪安涧河、浍河。这些支流主要分布于东西两侧山地，属山溪性河流，其中岚河的泥沙量最大，文峪河的径流量最大。

1) 气候及水文概况

汾河流域位于中纬度大陆性季风带，属温带大陆性季风气候，为半干旱、半湿润型气候过渡区，四季变化明显。降水年际变化较大，年内分配不均，全年70%的降水量集中在6~9月，并且多以暴雨形式出现；降水量总体分布趋势为南北两端和东西两侧山区高，中部盆地低。汾河流域年水面蒸发量为1000~1200mm，太原盆地蒸发量最大。

汾河流域多年（1956~2000年）平均水资源总量为33.59亿m³，多年平均地表水资源量为20.67亿m³，是山西省天然径流量最大的河流。流域内有雷鸣寺泉、兰村泉、晋祠泉、洪山泉、郭庄泉、广胜寺泉、龙子祠泉和古堆泉等岩溶大泉，过去这些岩溶大泉水质好、流量稳定，是汾河清水径流的重要组成部分。由于人类过度开采，泉域出流量一度锐减甚至断流，如晋祠泉、兰村泉、古堆泉3个泉域已断流。近年来随着生态环境保护工作的推进，泉域出口水位已有所回升。

2) 水质概况

汾河主要流经太原、临汾等大中城市和古交、介休、霍州等以煤炭企业为支柱产业的城市，每年接纳的废污水量较大。《2017年山西省地表水环境质量报告》显示，汾河流域除11月为中度污染外，其余月份均为重度污染，V类、劣V类水质断面占比达50%以上。汾河二库上游河段水环境质量较好，各水质断面以Ⅲ类及以上为主；汾河太原市下游段水质较差，水质断面以劣V为主，主要污染指标为五日生化需氧量、氨氮、化学需氧量；各大支流中，杨兴河、潇河水质良好，岚河、磁窑河、文峪河、浍河在流经县城之后水质变差。

1.1.2 沁河流域

沁河是黄河一级支流，发源于长治市沁源县霍山南麓，自北向南流经沁源、安泽、沁水、泽州、阳城等县后进入河南省，于武陟县方陵村汇入黄河。沁河干流全长485km，山西省内干流河长363km，落差为1844m，平均比降0.38%。流域总面积为13532km²，山西省境内为沁河的上、中游，面积为12364km²，源头至张峰水库坝址处为上游段，主要为石质山区，植被覆盖较好；张峰水库至省界为中游段，多为土石丘陵区，人类活动频繁，植被较差。沁河的主要支流有丹河、获泽河、端氏河、龙渠河、沁水河等，其中支流丹河与沁河在山西境内是两个独立的水系，在山西省境内全长129km，流域面积2931km^2，主要流经高平市、晋城城区、泽州县、陵川县等。

1）气候及水文概况

沁河流域地处我国东部季风区暖温带半湿润地区的西缘，大陆性季风气候显著，四季分明。流域多年（1956～2000年）平均降水量为613mm，降水量年内分配极不均匀，7～8月降水大多以暴雨的形式出现，降水过程历时短、强度大。流域内多年平均水面蒸发量为1047mm，由南向北递减。

流域内河川径流丰富，多年（1956～2000年）平均水资源总量为15.77亿m^3，其中沁河多年平均水资源量为12.42亿m^3，丹河多年平均水资源量为3.35亿m^3。流域内岩溶泉主要包括延河泉、八甲口泉、下河泉、晋圪坨泉、赵良泉、磨滩泉、黑水泉、郭壁泉等。

2）水质概况

根据《2017年山西省地表水环境质量报告》，沁河流域水环境质量总体较好，除1月水环境质量为良好外，其余11个月的水环境质量均为优，各水质断面以Ⅰ～Ⅲ类为主，但支流丹河、白水河水质较差，丹河全年水环境质量为中度污染，白水河除7月、12月外，其余月份均为重度污染。

1.1.3 桑干河流域

桑干河为永定河的上源，是海河的重要支流，位于山西省北部，地处黄土高原与内蒙古高原交接地带，发源于忻州市宁武县管涔山庙儿沟，始称恢河，流经忻州市宁武县城，在阳方口镇进入朔州市，于朔城区神头镇马邑附近同源子河汇流后称为桑干河。桑干河在省内流域总面积为16767km^2，其中干流流域面积为15464km^2，干流总长260km。桑干河河型为宽浅式的游荡型河道，河床土质为粉砂土，稳定性差。较大的支流有恢河、木瓜河、黄水河、大峪河、小峪河、鹅毛口河、浑河、口泉河、御河、吴城河、坊城河、古城河、马家皂河、壶流河等。

1）气候及水文概况

桑干河流域是典型的温带大陆性季风气候区，降水分配很不均衡。降水由东南部和西北部山地向中部盆地递减，流域内多年平均降水量为435mm。降水多以暴雨形式出现，且集中在6～9月，其间的暴雨日数占全年出现日数的90%以上。流域内多年平均水面蒸发量为1152.1mm。

桑干河水资源总量是五大流域中最少的，为10.36亿m^3，其中地表水资源量为5.20亿m^3，地下水资源量为9.11亿m^3，重复量为3.96亿m^3。流域内主要的岩溶大泉有神头泉和水神堂泉。神头泉位于朔州市朔城区神头镇，大同盆地北部的神头、司马泊、新磨一带，沿桑干河支流源子河河道及两岸出露。依据山西省第二次水资源评价结果，神头泉域岩溶水多年平均天然资源量为25642万m^3（平均流量为8.13m^3/s）。水神堂泉位于山西省大同市广灵县，多年（1956~2008年）平均水资源总量为3313万m^3。自20世纪80年代以来，受泉域内降水和地下水开采强度的综合影响，神头泉和水神堂泉的流量均呈减少的趋势。

2）水质概况

桑干河流域东榆林以上段有神头电力工业区和七里河煤炭工业区，水环境质量较差。《2017年山西省地表水环境质量报告》显示，桑干河流域除在8~11月为轻度污染外，其余月份均为重度污染，主要污染指标为化学需氧量、氨氮、挥发酚。较大支流中，源子河水质为良好或轻度污染，口泉河、南洋河、十里河、七里河、御河水质为中度或重度污染。

1.1.4 滹沱河流域

滹沱河为海河流域子牙河水系的主要支流，位于山西省北中部，发源于山西省繁峙县东北泰戏山麓马跑泉河、桥儿沟一带，向西流经代县、原平市至忻府区，在忻口镇受金山所阻，急转东流，经定襄县、五台县至阳泉市盂县入河北省境。滹沱河在山西省境内全长319km，流域面积为18856km^2，占流域总面积的74.9%。原平市崞阳桥以上为上游河段，崞阳桥至济胜桥为中游河段，济胜桥至盂县北峪口乡闫家庄村省界为下游河段。沿途汇入的较大支流包括阳武河、北云中河、南云中河、牧马河、清水河、乌河等。

1）气候及水文概况

滹沱河流域地处中纬度，属温带季风气候，受极地大陆气团和副热带海洋气团影响，四季分明。多年平均降水量为495.4mm，大部分地区降水量在500mm以下，五台山地区大于550mm，中台顶可达904.4mm，代县阳明堡以上滹沱河谷地区降水量最少。6~8月的降水量占全年降水量的60%~70%。流域内平均水面蒸发量939.3mm。

滹沱河流域多年（1956~2000年）平均水资源总量为17.20亿m^3，地表水资源量为13.90亿m^3，地下水资源量为11.71亿m^3，重复量为8.41亿m^3。流域内岩溶大泉有马圈泉、坪上泉和娘子关泉等。其中，娘子关泉多年平均流量为9.66m^3/s，是中国北方最大的裂隙岩溶泉。

2）水质概况

《2017年山西省地表水环境质量报告》显示，滹沱河流域除12月为中度污染外，其余月份均为良好或轻度污染，主要污染指标为化学需氧量、总磷、氨氮。较大支流中，清水河、乌河、松溪河水质为优，桃河、牧马河水质变化较大。

1.1.5 漳河流域

漳河属海河流域漳卫南运河水系，位于山西省东南部的太行山区，是山西省东南部最大的河流。漳河支流众多，源头可分东西两区。东区为清漳河，由发源于昔阳县西寨乡沾岭山的清漳东源和发源于和顺县西边八赋岭的清漳西源在左权县上交漳村汇合而成；西区为浊漳河，有北源、西源、南源三大支流，其中北源发源于太行山区榆社县柳树沟，西源发源于沁县漳源乡漳源庙，至襄垣县甘村汇入南源，南源发源于长子县西南发鸠山黑虎岭绛河里村，至襄垣县小峧村南与北源相汇，为三源合流处。清漳河在山西省境内全长146km，流域面积4159km²。浊漳河在山西省境内长229km，流域面积11741km²，其中北源流域面积3797km²，西源流域面积1669km²，南源流域面积3580km²，干流流域面积695km²。

1）气候及水文概况

漳河流域多年（1956～2000年）平均降水量为565.9mm，是山西省降水量较多的流域。其中，清漳河流域属温带大陆性气候，冬春干旱多风，夏季温和多雨，秋季天高气爽，全年夏短冬长，多年平均降水量为540mm；浊漳河流域属东部季风区暖温带半湿润地区，大陆性季风气候显著，四季分明，多年平均降水量为593mm。

流域多年（1956～2000年）平均水资源总量约为13.35亿m³，其中，地表水资源量为11.05亿m³，地下水资源量为7.73亿m³，重复量为5.43亿m³。流域内主要的岩溶大泉为娘子关泉和辛安泉。其中，漳河流域的左权县、和顺县和昔阳县的部分地区属于娘子关泉域上游地下水补给区；辛安泉泉域位于山西省东南部，太行山中段西侧，是山西省第二大岩溶泉，天然水资源量为31473万m³（1956～2000年）。

2）水质概况

《2017年山西省地表水环境质量报告》显示，清漳河所有水质监测断面均为良好及以上；浊漳河北源在上游榆社石栈道断面水质良好，流经武乡县城后水质变差，西源的水质断面以Ⅱ、Ⅲ类为主，南源由于煤矿企业较多，长子县至长治市辖区段水环境较差，河流底质为黑色。浊漳河主要污染指标为氨氮、总磷、化学需氧量、五日生化需氧量、氟化物等。

1.2 调查工作概况

2017年作者调查了汾河、沁河、桑干河、滹沱河、漳河干流和主要支流自然河段中的水生生物种类、水文特征和水质状况。其中，水生生物主要开展鱼类、底栖动物、浮游生物及水生、岸带植物的调查；水文参数主要包括河宽、水深、河岸及河床状况、流速等；水质参数包括水温、透明度、pH值、溶解氧、化学需氧量、氨氮、总氮、总磷等。

根据北方地区河流特征，在2017年共开展春季、夏季、秋季3次现场调查。采样河段选取原则包括：①尽量涵盖急流、浅滩、河口及漫滩等代表性生境，优先选择河流底质卵石多、泥沙量少、水面较为宽阔、水生植物较为密集的河段；②在充分考虑地形、环境等因素的情况下，将河段布设在干流的上中下游、主要支流及水体污染程度不同的河段；③尽可能匹配现有的水文站或环境监测站点；④如发生特殊情况，可根据实际就近调整。

水生生物采集主要通过拖网、D形网、浮游生物网、彼得逊采泥器等工具进行。现场采集水生生物后，鱼类和底栖动物主要通过现场鉴定的方式确定种类，并进行计数和称重，选取少量个体制作标本保存；浮游生物在实验室进行后续处理，然后利用显微镜进行鉴定和计数；水生和岸带植物在现场进行鉴定，并采样制作标本。对于少数难以现场或显微镜观察鉴定的物种，通过邀请专家鉴定或利用分子生物学方法进行种类确定。

在整个调查过程中，共采集到鱼类33种，底栖动物43科，浮游植物79属，浮游动物62属，水生和岸带植物57种。根据调查结果，对五大流域水生生物多样性情况进行分析评估，为后续流域开展水生态保护提供基础数据支持。

第2章 鱼 类

鱼类是生活在水中，以颌取食，以鳃呼吸，大多以鳍运动的变温水生动物。外形一般分为头部、躯干部和尾部3部分，体形主要有纺锤形、侧扁形、平扁形、圆筒形等。鱼类属于动物界脊索动物门，包括软骨鱼纲、硬骨鱼纲、圆口纲等。山西省鱼类均属于硬骨鱼纲，包括鲤形目、鲈形目、鲇形目、颌针鱼目等。

2017年在山西省五大流域采集到的鱼类共33种，隶属于5目10科，其中土著鱼类30种，鲢、太阳鱼、池沼公鱼为引进物种。汾河以泥鳅、棒花鱼、麦穗鱼、鲫等为主，上游静乐县、岚县以上河段优势种为高原鳅属鱼类，中下游河段优势种为麦穗鱼、鲫。沁河主要以麦穗鱼、马口鱼、短须颌须鮈、鳌为主，主要分布于安泽县至阳城县及下游段、上游沁源段、沁水至阳城段、端氏河等河段。桑干河鱼类物种数相比其他流域少，以麦穗鱼、鲫、鳌、青鳉居多，主要分布于东榆林水库下游和册田水库下游段，其支流恢河、浑河鱼类较少。滹沱河优势种包括麦穗鱼、鲫、泥鳅、马口鱼和子陵吻鰕虎鱼，主要分布于代县、原平市河段，滹沱河采集到的鱼类数量低于其他4个流域。漳河鱼类以棒花鱼、高体鳑鲏、麦穗鱼、拉氏大吻鳜为优势种，主要分布于清漳河干流、浊漳河北源、浊漳河南源下游。

2.1 泥鳅 *Misgurnus anguillicaudatus* (Cantor, 1842)

分类地位： 硬骨鱼纲 Osteichthyes　　鲤形目 Cypriniformes　　鳅科 Cobitidae
花鳅亚科 Cobitinae　　泥鳅属 *Misgurnus* Lacepède, 1803。

形态特征： 体长形，前端圆柱形，尾部侧扁。体背及体侧灰黑色至灰黄色，下半部灰白色或浅黄色。头部较尖，头长大于体高，吻部向前突出。眼小，上侧位视觉不发达。鳃裂止于胸鳍基部。须5对，分别为吻端1对，上颌1对，口角1对，下唇2对。背鳍起点在腹鳍之前，胸鳍距腹鳍较远，尾鳍呈圆形，基部上方具1个亮黑斑点。体表鳞较小，侧线完全，且黏液丰富。体侧、背鳍、尾鳍上均布有不规则黑色斑点。

生活习性： 属淡水底层鱼类，常见于底泥较深的湖边、池塘、水沟等浅水水域，对低氧环境适应性强。

摄食习性： 杂食性，以摄食浮游动物和底栖动物为主。

分布位置： 广泛分布于汾河、沁河、桑干河、滹沱河、漳河干流及支流。

2.2 大鳞副泥鳅 *Paramisgurnus dabryanus* Dabry de Thiersant, 1872

分类地位： 硬骨鱼纲 Osteichthyes　　鲤形目 Cypriniformes　　鳅科 Cobitidae　　花鳅亚科 Cobitinae　　副泥鳅属 *Paramisgurnus* Dabry de Thiersant, 1872。

形态特征： 体近圆筒形，尾部侧扁。体背部及体侧上半部深灰黑色，体下部灰白色；体侧及各鳍均具黑色小点，各鳍呈灰白色。头长小于体高。眼小，侧上位。吻钝，吻长远小于眼后头长。具须5对，较长。鼻孔位于眼部前方。背鳍无硬刺，起点在腹鳍之前，胸鳍远离腹鳍，尾鳍圆矛状。尾柄较高，长与高相近，具发达的皮褶棱，上侧皮褶棱自背鳍基部后端至尾鳍基部与尾鳍相连，下侧皮褶棱自臀鳍基后端至尾鳍基与尾鳍相连。体表鳞较泥鳅大，侧线完全。

生活习性： 属底层鱼类，一般生活在底质为泥土的河湾或其他静水水域中，较为耐污。

摄食习性： 杂食性，幼鱼取食浮游动物、水生昆虫，成鱼则以取食植物性食物为主。

分布位置： 汾河上游、桑干河中游、滹沱河中游。

2.3　达里湖高原鳅　*Triplophysa dalaica* (Kessler, 1876)

分类地位： 硬骨鱼纲Osteichthyes　　鲤形目Cypriniformes　　鳅科Cobitidae
条鳅亚科Noemacheilinae　　高原鳅属*Triplophysa* Rendahl, 1933。

形态特征： 体粗壮，背缘圆弧形，前端宽阔，尾柄细长。体背部黄褐色，腹部浅黄色，体背、体侧、背鳍、尾鳍具斑点。头大，口下位，吻长大于眼后头长，眼小，鼻孔距眼近。须3对，吻须2对较短，口角须1对较长。背鳍基部起点在腹鳍前方，尾鳍微凹。体无鳞，侧线完全。
生活习性： 属于淡水小型鱼类，喜潜伏于多水草的缓流和静水水体中，营底栖生活。
摄食习性： 主要以浮游动物、硅藻、植物碎屑、摇蚊幼虫等为食。
分布位置： 汾河上游及支流岚河、沁河支流端氏河、桑干河、滹沱河上游、漳河支流清漳河。

2.4　武威高原鳅　*Triplophysa wuweiensis* (Li et Chang, 1974)

分类地位： 硬骨鱼纲Osteichthyes　　鲤形目Cypriniformes　　鳅科Cobitidae
条鳅亚科Noemacheilinae　　高原鳅属*Triplophysa* Rendahl, 1933。

形态特征： 体延长，背部浅褐色，体背、体侧、背鳍、尾鳍具不规则深褐色斑点。头锥圆，稍平扁。口下位，吻长与眼后头长相近，鼻孔距眼近。须3对。胸鳍起点与背鳍第1、2分支鳍条相对，尾鳍向内凹入，上叶稍长。体无鳞，侧线完全。

生活习性： 属于小型鱼类，常栖息于多水草的缓流和静水水体中。

摄食习性： 以着生藻类、植物碎屑为食。

分布位置： 汾河上游及支流岚河。

2.5 粗壮高原鳅 *Triplophysa robusta* (Kessler, 1876)

分类地位： 硬骨鱼纲Osteichthyes　　鲤形目Cypriniformes　　鳅科Cobitidae
　　　　　　条鳅亚科Noemacheilinae　　高原鳅属 *Triplophysa* Rendahl, 1933。

形态特征： 体延长、粗圆形，后端侧扁。头锥状，口下位，浅弧状，吻圆钝。眼高，前、后鼻孔相距很近，距眼较距吻端近。须3对。侧线为直线，胸鳍较腹鳍长，腹鳍起点在背鳍起点稍前。尾鳍凹形较深，两叶等长，具点列。头部至尾鳍之间的背部有横斑，体侧有宽横带状纹路。

生活习性： 常生活于砾石、多水草的河湾或支流浅水区底层。

摄食习性： 主要以水生昆虫、底栖动物及藻类为食。

分布位置： 汾河上游及支流岚河。

2.6 隆头高原鳅 *Triplophysa alticeps* (Herzenstein, 1888)

分类地位： 硬骨鱼纲Osteichthyes　　鲤形目Cypriniformes　　鳅科Cobitidae
　　　　　　条鳅亚科Noemacheilinae　　高原鳅属 *Triplophysa* Rendahl, 1933。

形态特征： 体无鳞，长筒形。背部黄褐色，具不规则小黑点，腹部浅黄色。头长大于头宽，口下位。须3对。侧线完全。背鳍前端隆起，尾鳍后缘微凹，各鳍均具斑点。尾

柄细长。

生活习性：常栖息于淤泥或多水草的缓流和静水水体中。

摄食习性：以藻类和水生昆虫为食。

分布位置：漳河支流清漳河。

2.7 北鳅 *Lefua costata* (Keslser, 1876)

分类地位：硬骨鱼纲 Osteichthyes　　鲤形目 Cypriniformes　　鳅科 Cobitidae
条鳅亚科 Noemacheilinae　　北鳅属 *Lefua* Herzenstein, 1888。

形态特征：体呈圆筒形，尾部侧扁。背部灰绿色或棕灰色，体侧和腹部浅黄色。口端位略向下，前、后鼻孔分开，前鼻孔形成一短的管状突起，末端延长成须。须4对，鼻须1对较短，上颌须3对较长。背鳍起点在腹鳍基部之后，胸鳍小，尾鳍圆形，背鳍和尾鳍具黑色斑点。体侧中部自头后方（或吻端）至尾鳍基部（或尾鳍末端）有1条褐色纵纹，其宽度约与眼径相等，无侧线。

生活习性： 小型鱼类，栖息于浅水或水草丛生的河汊、沟渠中。
摄食习性： 以水生昆虫及其幼虫、藻类和植物碎屑为食。
分布位置： 漳河支流清漳河。

2.8 鲤 *Cyprinus carpio* Linnaeus, 1758

分类地位： 硬骨鱼纲Osteichthyes　　鲤形目Cypriniformes　　鲤科Cyprinidae
鲤亚科Cyprininae　　鲤属*Cyprinus* Linnaeus, 1758。

形态特征： 体侧扁而肥厚，背部灰黑色或黄褐色，隆起，前部弧形，后部平直。腹部圆，银白色或浅灰色，尾柄宽。头较小，口下位，吻钝。眼中等大，眼后头长大于吻长。具须2对，吻须短，颌须长。背鳍根部较长，与臀鳍均具硬刺。腹鳍短，起点位于背鳍起点后方。尾鳍深叉形，下叶红色，无脂鳍。背鳍和尾鳍基部微黑色。体侧鳞片微黄色，后部具新月形黑斑，形成网目状斑纹，侧线完全且平直。
生活习性： 多栖息于江河、湖泊、水库中水草丛生的底层。
摄食习性： 杂食性鱼类，以底栖动物、浮游生物、水草、有机物碎屑为食，少吃勤食，对水域生态环境适应性较强。
分布位置： 汾河中下游、沁河下游及支流丹河、桑干河下游、滹沱河中下游、漳河支流浊漳河。

2.9 鲫 *Carassius auratus* (Linnaeus, 1758)

分类地位： 硬骨鱼纲Osteichthyes　　鲤形目Cypriniformes　　鲤科Cyprinidae
鲤亚科Cyprininae　　鲫属*Carassius* Jarocki, 1758。

形态特征： 体呈流线型，高而侧扁，前半部弧形，背部轮廓隆起，呈灰色。腹部圆，银白而略带黄色，尾柄宽。头较小，口呈弧形，唇较厚，眼中等大，无须。背鳍灰色，始于体中央稍前，根部较长。腹鳍灰白色，始于背鳍起点略前方。尾鳍灰色，深叉形，上下叶末端尖。胸、臀鳍为灰白色。侧线完全且平直。

生活习性： 属底层鱼类，喜生活在较浅的水生植物丛生处，栖息在柔软的淤泥中，适应能力很强。

摄食习性： 杂食性鱼类，以水草、藻类及甲壳类动物等为食。

分布位置： 广泛分布于汾河、沁河、桑干河、滹沱河、漳河干流中。

2.10 草鱼 *Ctenopharyngodon idellus* (Valenciennes, 1844)

分类地位： 硬骨鱼纲 Osteichthyes　　鲤形目 Cypriniformes　　鲤科 Cyprinidae
雅罗鱼亚科 Leuciscinae　　草鱼属 *Ctenopharyngodon* Steindachner, 1866。

形态特征： 体长形，呈浅褐黄色，背鳍前方体最高，尾部侧扁。背部青灰色，腹部灰白色。头背侧黄绿灰色，中等大而短，稍平扁。口呈半圆形，上颌稍突出于下颌，吻短而圆钝，无须。眼大，宽大于高。背鳍距尾鳍基部较距吻端近，腹鳍较短，尾鳍呈叉形，上下叶等长。鳞片大且具黑缘，侧线完全，侧线前部稍高且弯，基本居于体与尾柄中线。

生活习性： 喜栖居于水域的中、下层和近岸多水草区域。

摄食习性： 典型的草食性大型淡水鱼类，幼鱼以浮游动物为食，成鱼以植物为食。

分布位置： 汾河、桑干河、漳河的下游。

2.11 黄河雅罗鱼 *Leuciscus chuanchicus* (Kessler, 1876)

分类地位： 硬骨鱼纲 Osteichthyes　　鲤形目 Cypriniformes　　鲤科 Cyprinidae　　雅罗鱼亚科 Leuciscinae　　雅罗鱼属 *Leuciscus* Cuvier, 1816。

形态特征： 体长形，侧扁，背部微隆起，向前、向后渐尖。腹部白而圆，无腹棱。头短而尖，口端位或稍下位，斜形，下颌长于上颌。唇薄，无角质边缘，无须。眼较大，眼后头较长。鳃孔大，侧位。背鳍灰黄色，无硬刺，始于腹鳍起点的后上方，胸鳍淡黄色，腹鳍、臀鳍白色，腹鳍起点前方体最高。尾鳍灰黄色，深叉状，上下叶等长。鳞片半椭圆形，高略大于长，前端横直而微凸。侧线完全，前端很高，在腹部稍向下弯曲。

生活习性： 中上层鱼类，喜低水温，常生活于缓静水区，如水库、湖泊。

摄食习性： 幼鱼以浮游动物为食，成鱼以小鱼、底栖动物、藻类为食。

分布位置： 汾河上游及支流岚河。

2.12 拉氏大吻鰕 *Rhynchocypris lagowskii* (Dybowski, 1869)

分类地位：硬骨鱼纲 Osteichthyes　　鲤形目 Cypriniformes　　鲤科 Cyprinidae　　雅罗鱼亚科 Leuciscinae　　大吻鰕属 *Rhynchocypris* Günther, 1889。

形态特征：体长形，略侧扁，尾柄细长。由背侧向腹部，体色渐淡，至腹部则为乳白色。头长较体高大。眼大，口裂较深，稍斜，其末端达眼前缘，上颌稍长于下颌，无须。吻端至眼后缘稍大于眼后头长。背鳍始于腹鳍之后，后缘为圆形，腹鳍起点处体高最大，臀鳍起点至腹鳍基部比至尾鳍基近，尾鳍分叉浅。体鳞细小，胸、腹部无鳞。体侧中轴处有1条较宽而显著的黑色纵带，体侧间有许多不规则的黑色小斑点，幼鱼时更为明显。
生活习性：属小型偏冷水性鱼类，多栖息于水温低、水质清澈的小河和山涧溪流中。
摄食习性：杂食性，以昆虫幼虫、水生软体动物、藻类等为食。
分布位置：汾河上游及支流岚河。

2.13 鲢 *Hypophthalmichthys molitrix* (Valenciennes, 1844)

分类地位：硬骨鱼纲 Osteichthyes　　鲤形目 Cypriniformes　　鲤科 Cyprinidae　　鲢亚科 Hypophthalmichthyinae　　鲢属 *Hypophthalmichthys* Bleeker, 1860。
形态特征：体侧扁，呈长椭圆形，背部青灰色，两侧及腹部白色。头较大，口阔而前位，很斜，无须。眼小，位于头前半部，位置偏低。鼻孔位置高，在眼前缘的上方。背鳍基部短，起点位于腹鳍起点的后上方，背缘很斜且微凹。胸鳍较长，但末端仅伸至腹鳍起点或稍后。腹鳍较短，伸达至臀鳍起点间距离的3/5处，起点距胸鳍起点较距臀鳍起点为近。臀鳍起点在背鳍基部后下方，距腹鳍较距尾鳍基为近。尾鳍深分叉，两叶末端尖。体鳞小，侧线完全，前端较高。喉部至肛门间有腹棱。

生活习性： 属中、上层鱼类，栖息于江河干流，性活泼，喜群游，为"四大家鱼"之一。该鱼并非山西土著鱼类，为引进物种。
摄食习性： 为典型的滤食性鱼类，以浮游生物为主，也取食植物碎屑等。
分布位置： 汾河下游及支流浍河。

2.14 䱗 *Hemiculter leucisculus* (Basilcwsky, 1855)

分类地位： 硬骨鱼纲 Osteichthyes　　鲤形目 Cypriniformes　　鲤科 Cyprinidae
　　　　　　鲌亚科 Cultrinae　　䱗属 *Hemiculter* Bleeker, 1860。

形态特征： 体修长、侧扁。体背部青灰色，腹侧银色，二者自眼上缘到尾鳍基中央界限明显。头略尖，呈三角形，头长短于体高。口端位，口裂倾斜，上下颌等长，无须。眼中等大，侧位，居头前半部。背鳍具硬刺，其起点位于腹鳍之后。臀鳍位于背鳍后方，下缘斜凹。尾鳍边缘灰黑色，分叉很深，两叶末端均尖，下叶长于上叶。侧线完全，在胸鳍上方急剧向下弯曲成一钝角，沿腹侧后延至尾柄呈侧中位。

生活习性： 为小型经济鱼类，数量较多，生活于水的上层，对水质要求很高，产卵场所需要有流水，在静水中不能繁殖，行动迅捷，喜集群。

摄食习性： 杂食性，多食水生昆虫、枝角类，小鱼、虾等。

分布位置： 广泛分布于汾河、沁河、桑干河、滹沱河、漳河干流及支流。

2.15 麦穗鱼 *Pseudorasbora parva* (Temminck et Schlegel, 1846)

分类地位： 硬骨鱼纲 Osteichthyes　　鲤形目 Cypriniformes　　鲤科 Cyprinidae
鮈亚科 Gobioninae　　麦穗鱼属 *Pseudorasbora* Bleeker, 1860。

形态特征： 体长，稍侧扁，背部及体侧灰黑色，腹部银白色，尾柄较宽。头、口均小，口上位，下颌长于上颌。吻尖，吻长小于眼后头长。唇薄，无须。眼较大，眼间隔平宽。背鳍无硬刺，起点处最高，位于吻端至尾鳍基部的中点，背缘斜直或微凹，胸鳍侧位且低，不达腹鳍。腹鳍起点约与背鳍相对，尾鳍深分叉。鳞片较大，后缘具新月形黑斑，侧线完全且平直。体侧具一纵行斑纹，幼鱼更为明显。

生活习性： 小型淡水鱼类，分布广泛，数量较多，喜栖息于静水和缓流水体中。

摄食习性： 杂食性，主要以浮游动物、水生昆虫、水生植物及藻类为食。

分布位置： 广泛分布于汾河、沁河、桑干河、滹沱河、漳河干流及支流。

2.16 棒花鱼 *Abbottina rivularis* (Basilewsky, 1855)

分类地位： 硬骨鱼纲 Osteichthyes　　鲤形目 Cypriniformes　　鲤科 Cyprinidae
鮈亚科 Gobioninae　　棒花鱼属 *Abbottina* Jordan et Fowler, 1903。

形态特征： 体长而粗壮，前部近圆筒形，后部略侧扁，背部隆起，腹部较平直。头短，比大多数鮈的大。口下位，近马蹄形。吻短，前端圆钝，唇厚，在鼻孔前方凹陷。须1对，粗短，不达眼下方。眼小，侧上位，眼间宽平。鳃孔大，侧位。背鳍无硬刺，起点位于腹鳍起点之前，胸鳍宽大圆钝而短，腹鳍末端超过肛门，臀鳍短，起点距尾鳍基较距腹鳍基为近，尾鳍圆叉形。背鳍和尾鳍均具有由黑色小点组成的斑纹。鳞中等大，侧线完全且平直。体背及体侧灰褐色，体侧鳞片后缘有1黑色斑点，背部有5个黑色大斑块，体侧中线上有7~8个较大的黑色斑块。

生活习性： 为生活在静水或流水的底层小型鱼类。

摄食习性： 以底栖生物、水生昆虫及植物碎片为食，经济价值不大。

分布位置： 广泛分布于汾河、沁河、桑干河、滹沱河、漳河干流及支流。

2.17 棒花鮈 *Gobio rivuloides* Nichols, 1925

分类地位： 硬骨鱼纲 Osteichthyes　　鲤形目 Cypriniformes　　鲤科 Cyprinidae　　鮈亚科 Gobioninae　　鮈属 *Gobio* Cuvier, 1817。

形态特征： 体长，稍侧扁，背部在背鳍前方隆起，腹部圆，呈白色。头较短，顶部稍黑，其长度约等于体高。吻较短，前端圆钝。眼小，侧上位，眼间宽平。背鳍和尾鳍有由黑色小斑点组成的条纹，尾柄短而较高。侧线以上鳞片有黑色边缘。体侧有1条纵纹，其上有9～12个黑色斑点，背部具8～11个黑色斑块。

生活习性： 小型淡水底栖鱼类，生活于静水或流水的下层水中。

摄食习性： 以水生昆虫和底栖动物为食。

分布位置： 汾河上游、沁河上游及支流端氏河、漳河。

2.18 黄河鮈 *Gobio huanghensis* Lo, Yao et Chen, 1977

分类地位： 硬骨鱼纲 Osteichthyes　　鲤形目 Cypriniformes　　鲤科 Cyprinidae　　鮈亚科 Gobioninae　　鮈属 *Gobio* Cuvier, 1817。

形态特征： 体长形，前段略呈圆筒形，背部灰黑色，稍隆起，腹缘灰白色，平直，尾柄稍侧扁。头尖，略呈圆锥形，长度大于体高。口下位，略呈马蹄形。吻突出，吻长大于眼后头长。口角须1对，粗长，其末端达到或超过鳃盖骨后缘。眼小，侧上位。背鳍无硬刺，其起点距吻端较距尾鳍基为近。胸鳍较大，其末端不达腹鳍起点。腹鳍起点位于背鳍起点之后，末端超过肛门。臀鳍短，无硬刺，尾鳍分叉，上下叶末端尖，基本等长。鳞片较小，胸部裸露无鳞。侧线完全且平直，侧中位。体中轴沿侧线有1列8～10个大斑点。

生活习性： 多活动于浅水或近岸带。

摄食习性： 以底栖动物和水生昆虫为食。

分布位置： 沁河中上游及支流端氏河、漳河支流浊漳河。

2.19 短须颌须鮈 *Gnathopogon imberbis* (Sauvage et Dabry, 1874)

分类地位： 硬骨鱼纲 Osteichthyes　　鲤形目 Cypriniformes　　鲤科 Cyprinidae　　鮈亚科 Gobioninae　　颌须鮈属 *Gnathopogon* Bleeker, 1860。

形态特征： 体长形，稍侧扁，头后背部稍平，腹部圆，灰白色。吻钝圆，口端位，口裂稍倾斜，较宽，后端不达眼前缘下方。唇细狭，须1对，极短。背鳍起点距吻端与距尾鳍基相等，无硬刺，中上部有1条黑色斑纹。胸鳍不达腹鳍，肛门紧靠臀鳍起点，尾柄粗短，尾鳍中等叉状，上下叶末端稍圆。鳞稍大，略有辐状纹。侧线完整，侧中位，直线形。肩部至尾鳍基有一纵带状黑纹。
生活习性： 小型鱼类，多生活于山涧溪流。
摄食习性： 以浮游生物、昆虫幼虫、植物碎屑为食。
分布位置： 沁河干流及支流、滹沱河支流绵河、漳河支流清漳河。

2.20 黑龙江鳑鲏 *Rhodeus sericeus* (Pallas, 1776)

分类地位： 硬骨鱼纲 Osteichthyes　　鲤形目 Cypriniformes　　鲤科 Cyprinidae　　鳑亚科 Acheilognathinae　　鳑鲏属 *Rhodeus* Agassiz, 1835。

形态特征： 体侧扁，椭圆形，背部青灰色，体侧银白色。口小，呈亚下位，下颌略短于上颌，口顶点在眼下缘水平之下，无须。眼球上缘红色。背鳍起点与腹鳍起点相对，沿尾柄中央线向前延伸至背鳍前，有1条由宽渐细的条纹。侧线不完全。雌鱼与雄鱼外形区别明显，雄鱼体形小，吻和腹鳍均较短，尾柄较高。

生活习性： 生活于静水、水草茂盛的环境中。
摄食习性： 为植食性鱼类，以硅藻、绿藻为食，也取食昆虫。
分布位置： 汾河下游、沁河中下游、漳河支流浊漳河。

2.21 高体鳑鲏 *Rhodeus ocellatus* (Kner, 1866)

分类地位： 硬骨鱼纲 Osteichthyes　　鲤形目 Cypriniformes　　鲤科 Cyprinidae　　鳑鲏亚科 Acheilognathinae　　鳑鲏属 *Rhodeus* Agassiz, 1835。

形态特征： 体高而薄，呈侧扁形，背部暗灰绿色，腹部白色。头前半部近似锥状，头后部到背鳍起点为斜形，背缘在后头部有明显凹刻。口前位，后端不达眼下方，口裂极浅，口顶点在眼中点水平线。吻钝，不突出。无须。鼻孔位于眼稍前方。眼大，侧中位，眼后缘距头后端较距吻端略近。胸鳍侧位，很低，小刀状，略不达腹鳍。腹鳍始于背鳍稍前方，尾鳍深叉状。侧线不完全，在侧线前端有1个黑绿色小斑。尾鳍基稍前方至肛门上方的体侧中部有1条细纵带状纹。
生活习性： 淡水小型鱼类，生活于静水、水草茂盛的环境中。
摄食习性： 以浮游生物、昆虫幼虫为食。
分布位置： 汾河支流浍河、沁河下游、滹沱河中上游、漳河。

2.22 中华鳑鲏 *Rhodeus sinensis* Günther, 1868

分类地位： 硬骨鱼纲 Osteichthyes　　鲤形目 Cypriniformes　　鲤科 Cyprinidae　　鳑鲏亚科 Acheilognathinae　　鳑鲏属 *Rhodeus* Agassiz, 1835。
形态特征： 体呈卵圆形，侧扁而高，背部浅灰褐色，背缘在后头部有一浅凹。体侧有红蓝色光泽，腹部色淡呈乳白色。头短而尖，头长大于体高，头后背部缓慢隆起。口端位，下颌稍长于上颌。吻短而钝，其长不及眼径，无须。眼较大，侧上位。鳃孔

大，侧位，上角低于眼上缘水平线，鳃盖上方有1个不明显的浅褐色云斑。背鳍前数根鳍条上缘为淡红色，前部有1个黑色大斑点。腹鳍起点位于背鳍起点前方，末端达臀鳍。臀鳍浅红色，基部较长，末端不达尾鳍基部。尾鳍叉形，上下叶等长。沿尾柄中央线向前延伸至背鳍前，有1条由宽渐细的绿色纵行条纹。侧线不完全，侧中位。体侧上部每个鳞片的后缘都有黑褐色小斑点。生殖期，雌鱼具有暗的灰褐色产卵管，卵排于河蚌的外套腔中；雄鱼体色更鲜亮，眼球上方橘红色，吻端有两丛白色珠星，臀鳍边缘有比雌鱼宽而明显的黑边。

生活习性： 小型中下层鱼类，常栖息于水流较缓的溪河、水沟等水体中，喜集群。
摄食习性： 以水生植物碎屑、藻类、水蚤等为食。
分布位置： 沁河上游、漳河支流浊漳河。

2.23 马口鱼 *Opsariichthys bidens* Günther, 1873

分类地位： 硬骨鱼纲 Osteichthyes　　鲤形目 Cypriniformes　　鲤科 Cyprinidae
马口鱼属 *Opsariichthys* Bleeker, 1863。

形态特征： 体长形，稍侧扁，腹部圆。背侧浅蓝灰色，向下渐为银白色，喉部、口唇及各鳍橙黄色，体两侧具有浅蓝色的垂直条纹。头稍尖，头长大于体高。口特大，斜形，下颌前端突起，与上颌凹凸吻合，唇不发达。眼位于头前半部侧上方，上部有1个红色斑点。鼻孔位于眼前缘附近。鳃孔大，侧位，下端约达眼后缘的下方。背鳍约始于体正中央，具黑色小斑点。胸鳍侧下位，尖刀状，不达背鳍下方，臀鳍始于背鳍基后方。腹鳍始于背鳍基部稍后方。尾鳍深叉状。侧线在尾鳍基侧中位，中部向下呈弧状，与臀鳍前端间有4纵行鳞。头侧、臀鳍两侧及尾部侧下方散有白色突起状珠星。

生活习性：为山溪及河湖中较小型凶猛鱼类，喜生活于水清且水流较急之处。
摄食习性：以小鱼、昆虫、浮游生物等为食。
分布位置：汾河、沁河、滹沱河、漳河。

2.24 宽鳍鱲 *Zacco platypus* (Temminck et Schlegel, 1846)

分类地位：硬骨鱼纲Osteichthyes　　鲤形目Cypriniformes　　鲤科Cyprinidae　　鱲属 *Zacco* Jordan et Evermann, 1902。

形态特征：体长而侧扁，腹部圆。头短，吻钝，口端位，稍向上倾斜，唇厚，眼较小。鳞较大，略呈长方形，在腹鳍基部两侧各有一向后伸长的腋鳞。侧线完全，在腹鳍处向下微弯，过臀鳍后又上升至尾柄正中。
生活习性：喜生活于水流较急、底质为砂石的浅滩。
摄食习性：以浮游甲壳类为食，兼食一些藻类、小鱼及水底的腐殖质。
分布位置：沁河支流丹河。

2.25 子陵吻鰕虎鱼 *Rhinogobius giurinus* (Rutter, 1897)

分类地位：硬骨鱼纲Osteichthyes　　鲈形目Perciformes　　鰕虎鱼科Gobiidae　　吻鰕虎鱼属 *Rhinogobius* Gill, 1859。

形态特征：体呈黄褐色或灰褐色，卵长形，前部略浑圆、后部侧扁。头部具黑色斑纹，口端位，口裂斜，上颌末端达眼前缘的下方。唇发达，较厚。眼小，侧上位，位于头中央略较前方，眼间隔两侧稍圆凸，中央凹。两鼻孔约位于眼前缘与吻端中点。背鳍

2个，第1背鳍较短小，始于胸鳍基后上方，第2背鳍基较长。胸鳍侧位，圆形，基部上方有1黑色斑点。腹鳍胸位，左右愈合成长圆形吸盘，末端不达肛门。尾鳍圆形。体有栉鳞，头部仅后头部有鳞。无侧线。背部及体侧各有5~9个黑色斑块。

生活习性： 小型鱼类，常栖息于山溪河流中。
摄食习性： 以浮游生物、小虾类为食。
分布位置： 汾河、沁河、滹沱河上游、漳河。

2.26 波氏吻鰕虎鱼 *Rhinogobius cliffordpopei* (Nichols, 1925)

分类地位： 硬骨鱼纲 Osteichthyes　　鲈形目 Perciformes　　鰕虎鱼科 Gobiidae
　　　　　　吻鰕虎鱼属 *Rhinogobius* Gill, 1859。

形态特征： 体长形，略呈圆筒状。头部和背鳍前的背部裸露无鳞。口裂大，亚下位，上颌稍长于下颌。眼侧上位，眼间距小于眼径。背鳍2个，彼此分离。第1背鳍前部有1暗色斑点，第2背鳍及尾鳍均有数行黑色点纹。胸鳍圆扇形，较大。腹鳍胸位，左右愈合成吸盘。尾鳍圆形。体鳞边缘呈黑色，无侧线。

生活习性： 小型底层鱼类，栖息于湖岸、河流的沙砾浅滩区。

摄食习性： 以浮游生物、小虾类为食。
分布位置： 汾河下游及支流浍河、沁河下游、桑干河、滹沱河中游及支流牧马河。

2.27　小黄黝鱼　*Micropercops swinhonis* (Günther, 1873)

分类地位： 硬骨鱼纲 Osteichthyes　　鲈形目 Perciformes　　沙塘鳢科 Odontobutidae　小黄黝鱼属 *Micropercops* Fowler et Bean, 1920。

形态特征： 体短小，体长一般在 40mm 以下，侧扁，尾柄较长。口前位，斜裂，下颌稍突出，上颌后端达眼前缘下方。吻钝，眼位于头前部侧上方。鼻孔 2 个，远离。前鼻孔顺管状，位较低；后鼻孔较大，位较高。背鳍 2 个，彼此分离，第 1 背鳍短小，由鳍棘组成。胸鳍大而宽圆，其末端超过腹鳍后缘，腹鳍胸位，左右分离，末端不达肛门，尾鳍圆形，背鳍、尾鳍均具黑色小点。头胸被圆鳞，其余被栉鳞，无侧线。背面及两侧自鳃孔到尾鳍基有 10~12 条黑色条纹，腹部灰白色。

生活习性： 为淡水多草处常见小型鱼类。

摄食习性： 食物以浮游动物、水生昆虫、小虾为主。

分布位置： 汾河中下游及支流浍河、沁河中游、桑干河中游、滹沱河中上游、漳河支流浊漳河。

2.28　太阳鱼　*Lepomis gibbosus* (Linnaeus, 1758)

分类地位： 硬骨鱼纲 Osteichthyes　　鲈形目 Perciformes　　太阳鱼科 Centrarchidae　太阳鱼属 *Lepomis*。

形态特征： 体形高而侧扁，背缘弯曲，腹缘较平，呈椭圆形或卵圆形。头小背高，头胸部至腹部呈淡橙红色或淡橙黄色，背部呈淡青灰色，间有一些淡灰黑色的纵纹，但不明显，鳃盖后缘长有 1 黑色形似耳状的软膜。

生活习性： 适应性广，属温水性小型鱼类。该鱼并非山西土著鱼类，为养殖引进物种。

摄食习性： 杂食性，以浮游动物及水生昆虫为食。

分布位置： 汾河下游。

2.29 乌鳢 *Channa argus* (Cantor, 1842)

分类地位： 硬骨鱼纲 Osteichthyes　　鲈形目 Perciformes　　乌鳢科 Channidae　　鳢属 *Channa* Scopoli, 1777。

形态特征： 体呈长棒状，前部圆筒状，后部侧扁。头大而扁平，背缘黑色。口裂大，吻钝。眼侧上位，约位于上颌中段上方。鳃孔大，侧位。背鳍很发达，自胸鳍基上方稍后达尾鳍基附近。胸鳍侧下位，圆形。臀鳍似背鳍，但鳍基较短，不达肛门。尾鳍圆形。侧线完整，侧中位，到肛门向前稍高。头部与躯干部皆被有大小相似的鳞片。体侧沿线约有11个大黑斑，下部有1行小黑斑，腹部白色。

生活习性： 为大型凶猛底层鱼类，常栖息于水草丛生、底泥细软的静水或微流水中，以摆动其胸鳍来维持身体平衡。

摄食习性： 幼鱼以桡足类等为食，成鱼以昆虫、小虾、小鱼等为食。

分布位置： 桑干河中游。

2.30 鲇 *Silurus asotus* Linnaeus, 1758

分类地位： 硬骨鱼纲 Osteichthyes　　鲇形目 Siluriformes　　鲇科 Siluridae　　鲇属 *Silurus* Linnaeus, 1758。

形态特征： 体长形，背部及侧面灰黑色或深褐色，以背鳍基附近体最高，身体在腹鳍前较圆，后渐侧扁。头大而平扁。口大，前位，浅弧状，口裂向后仅达眼前缘，下颌突出。须2对，上颌1对较短，下颌1对较长。眼很小，侧上位，位于口上方。前、后鼻孔远离。背鳍小，无硬刺，位于腹鳍上方。胸鳍侧位、稍低，具硬刺。腹鳍也较小。臀鳍很发达且长，后端连尾鳍。腹鳍圆形，达臀鳍前端。尾鳍短小，呈圆形或后端微凹。背鳍、臀鳍和尾鳍均为灰黑色，胸鳍和腹鳍为灰白色。体上无鳞。侧线完全，侧中位，前端较高，侧线上有1行黏液孔，身体表面多黏液。

生活习性： 为常见大型凶猛底层鱼类，经济价值较高，多生活在池塘或河川及水流缓慢的水域。

摄食习性： 肉食性，喜夜间觅食，主要捕捉小鱼、小虾、水生昆虫等，生长较为缓慢，但适应性强。

分布位置： 漳河。

2.31 黄颡鱼 *Pelteobagrus fulvidraco* (Richardson, 1846)

分类地位： 硬骨鱼纲 Osteichthyes　　鲇形目 Siluriformes　　鲿科 Bagridae　　黄颡鱼属 *Pelteobagrus* Bleeker, 1864。

形态特征： 体长，腹面平，体后半部稍侧扁。背部黑褐色，侧面黄色。头大且扁平。口裂大，下位，上颌稍长于下颌，上下颌均具绒毛状细齿，吻圆钝。眼小，侧位，眼间隔稍隆起。须4对，鼻须达眼后缘，上颌须最长，伸达胸鳍基部之后，下颌须2对，外侧1对较内侧1对为长（光泽黄颡鱼的4对须均较短）。背鳍具硬刺，后缘有锯齿，起点至吻端较小于至尾鳍基部的距离。脂鳍发达，较臀鳍短，位于臀鳍中段上方。胸鳍短小，具发达硬刺，且前后缘均有锯齿。臀鳍后缘圆弧形。尾鳍深叉状，上下叶圆弧状。各鳍灰黑色带黄色。体表光滑，侧线侧中位。体侧有3块断续的黑色斑纹。

生活习性： 多在静水或江河缓流中活动，营底栖生活，对环境的适应能力较强。

摄食习性： 以小鱼、虾、各种陆生和水生昆虫等为食，一般在夜间捕食。

分布位置： 滹沱河中游、漳河支流浊漳河。

2.32 青鳉 *Oryzias latipes* (Temminck et Schlegel, 1846)

分类地位： 硬骨鱼纲 Osteichthyes　　颌针鱼目 Beloniformes　　大颌鳉科 Adrianichthyidae　　青鳉属 *Oryzias* Jordan et Snyder, 1906。

形态特征： 体长形，侧扁。背部平直，淡灰色，腹部圆弧形，银白色。头呈楔形，略平扁，被鳞。口小，上位，横裂，下颌较长。吻钝而圆，吻长小于眼径。无须，眼大，侧位，稍高。鳃孔大，侧位，下端略不达眼下方。背鳍较小，靠近尾柄，几与臀鳍相对。胸鳍位置较高，尖刀状。腹鳍小，臀鳍基较长，其起点远超过背鳍起点前方，约位于鳃孔后缘与尾鳍基部中点。肛门靠近臀鳍起点。尾鳍宽大，近截形或微凹。无侧线，体中部有1条黑色条纹，从鳃盖后缘延伸至尾柄中部。

生活习性： 为淡水浅水区上层小型鱼类，常成群地栖息于静水或缓流水的表层。

摄食习性： 以鱼卵、浮游生物、昆虫幼虫等为食。

分布位置： 桑干河、滹沱河中下游及支流绵河、漳河支流浊漳河。

2.33 池沼公鱼 *Hypomesus olidus* (Pallas, 1811)

分类地位： 硬骨鱼纲 Osteichthyes　　胡瓜鱼目 Osmeriformes　　胡瓜鱼科 Osmeridae　　公鱼属 *Hypomesus* Gill, 1862。

形态特征： 体细长，稍侧扁。背部为淡褐色或草绿色，稍带黄色，体侧银白色。头小而尖，头长大于体高。口大，前位，口裂较大，上、下颌及舌上均具有绒毛状齿。眼大，鳞大。背鳍较高，与腹鳍相对，胸鳍较小，具脂鳍，末端游离呈屈指状，尾鳍分叉很深，各鳍淡灰色。尾柄很细，其高度仅等于眼径。鳞片边缘有暗色小斑，侧线不完全。

生活习性： 为小型鱼类，栖息于水温低、水质清澈的水域中，喜在岸边游动，当水温升高时便游向支流，对水质污染比较敏感。该鱼并非山西土著鱼类，于1989年引进，河流中采集的标本为上游水库中的池沼公鱼随水库泄水进入下游，在河道中繁殖所致。

摄食习性： 主要摄食浮游动物，也摄食底栖动物、昆虫等。

分布位置： 汾河上游。

第 3 章　底栖动物

底栖动物是指生活史的部分或大部分时间生活于水底的动物类群，包括节肢动物、软体动物、环节动物和扁形动物。其中，节肢动物种类多、分布广，包括较多昆虫幼虫及虾蟹类；软体动物即通常所称的"贝类"，其种类、数量仅次于节肢动物，在海水中分布较广，在淡水中也有分布；环节动物是身体分节的高等蠕虫，是动物演化过程中高等无脊椎动物的开始，包括寡毛类、蛭类等；扁形动物是一类两侧对称，三胚层，无体腔，无呼吸系统，有口无肛门的动物，包括涡虫、吸虫和绦虫。

2017年在五大流域采集到底栖动物43科，其中，节肢动物门32科，软体动物门6科，环节动物门4科，扁形动物门1科。汾河上游底栖动物物种数及密度大于汾河中下游，上游底栖动物主要以中华锯齿米虾为主，支流岚河还分布着大量的大蚊科幼虫，支流潇河存在大量的蜉蝣科稚虫、纹石蛾科幼虫。沁河干流沁水县以上河段分布大量蜉蝣科稚虫、中华锯齿米虾，沁水县以下河段及支流丹河分布大量河蚬和铜锈环棱螺，支流端氏河的底栖动物密度较低。桑干河在东榆林水库下游段及册田水库下游段底栖动物物种丰富，优势种为中华锯齿米虾，怀仁至册田水库上游段分布较多的摇蚊科幼虫；支流恢河、浑河采集到大量摇蚊科幼虫和水丝蚓。滹沱河下茹越水库以下由于河床底质不适宜底栖动物生存，因此底栖动物物种数、密度和生物量均比其他流域少。上游段分布大量摇蚊科幼虫，下游段的优势种包括椭圆萝卜螺、中华锯齿米虾、中华小长臂虾，支流牧马河分布少量的春蜓科稚虫、水龟科幼虫；支流绵河在山西境内与滹沱河为两条河流，河床底质以卵石为主，分布较多纹石蛾科幼虫、蜻科稚虫。漳河各河段均可采集到大量中华锯齿米虾，支流清漳河及浊漳河北源还分布着大量小蜉科、扁蜉科、蜉蝣科等蜉蝣目稚虫。

3.1　节肢动物门　Arthropoda

3.1.1　扁蜉科 Heptageniidae

分类地位： 昆虫纲 Insecta　　蜉蝣目 Ephemeroptera。

形态特征： 稚虫体长10～15mm，呈黑褐色或黄褐色。身体各部扁平，头大而宽，头部前缘具淡色小圆斑。触角短，复眼大。腹节背面两侧具淡色纵纹，中部具淡色斑纹。足腿节粗大、扁平，为前后型，且具淡色斑纹。鳃7对，长卵形，第7对无丝状鳃，其余各鳃的丝状部分发达。体壁坚硬，尾丝一般为3根，基半部具暗色带状斑，具刺和较稀的细毛。

生活习性： 一般生活于流水环境中，常匍匐于各种枯枝落叶、石块或腐殖质表面，游泳能力和活动能力较弱。对水体污染较敏感，在受到污染威胁的情况下常常最先消失，是周围水环境变化良好的指示物种。

摄食习性： 为滤食性和刮食性动物，主要以颗粒状藻类和腐殖质为食。

分布位置： 汾河上游、沁河中下游、漳河。

3.1.2 小蜉科 Ephemerellidae

分类地位： 昆虫纲 Insecta　　蜉蝣目 Ephemeroptera。

形态特征： 稚虫体长 5～15mm，身体背腹厚度略小于体宽，微扁。头部较小，与胸部分界明显。尾丝 3 根且等长，光滑或具细毛。

生活习性： 喜在干净水体中的枯枝落叶、青苔、石块或腐殖质中生活，游泳能力和活动能力较弱。一般在春夏交替季节出现，耐污能力弱。

摄食习性： 为牧食收集者或刮食者，以浮游生物为食。

分布位置： 汾河上游及支流岚河、漳河。

3.1.3 蜉蝣科 Ephemeridae

分类地位： 昆虫纲 Insecta　蜉蝣目 Ephemeroptera。
形态特征： 稚虫体形较大，呈长筒形且柔软，除触角和尾丝外，体长通常为20~30mm。身体两端角尖，常为淡黄色或黄色。头部小，上颚发达。触角长形，有缘毛。鳃7对，位于腹部背面，由前向后按秩序节律性地抖动。足强壮，适于挖掘。身体表面及足上密生细毛。尾丝3根且等长。
生活习性： 喜栖息于静水的底泥中，或在缓流中吸附于石砾下。对水体污染较敏感，在受到污染威胁的情况下常常最先消失，是水环境变化良好的指示物种。
摄食习性： 为滤食性底栖动物。
分布位置： 汾河干流及支流的上游、沁河、滹沱河中游、漳河。

3.1.4 四节蜉科 Baetidae

分类地位： 昆虫纲 Insecta　蜉蝣目 Ephemeroptera。
形态特征： 稚虫体形较小，体长3~12mm。体表光滑，流线型。触角长度不及头宽的2倍。鳃7对，单片或双片状，位于第1~7腹节背侧面。背腹厚度大于身体宽度。腹部各节的侧后角尖锐。尾丝3根，较粗，中尾丝短于两侧尾须，有长而密的细毛。

生活习性： 在静水区域（如水流缓慢的小河、湖泊、池塘、水潭和流水的近岸区）以及流水区均可生存。
摄食习性： 以浮游生物为食。
分布位置： 桑干河中下游、滹沱河下游、漳河支流清漳河。

3.1.5 角石蛾科 Stenopsychidae

分类地位： 昆虫纲 Insecta　毛翅目 Trichoptera。
形态特征： 稚虫体形大，体长可达40mm。头窄长，长为宽的2倍以上。上唇骨化，呈圆形，下唇短，末端不呈细管状，不尖锐，具下唇须。前足基节有2个大刺。腹部无侧毛列，第9腹节背面无骨化盖片。
生活习性： 喜在泥潭沼泽中的芦苇丛、低温且流动水体中生活。

摄食习性： 为滤食收集者，以浮游生物等为食。

分布位置： 沁河中游及支流丹河。

3.1.6 纹石蛾科 Hydropsychidae

分类地位： 昆虫纲 Insecta　　毛翅目 Trichoptera。

形态特征： 幼虫体长 12～15mm，腹部灰褐色至紫褐色。头部上扁，触角退化，大颚多齿，胸节背面硬化。前胸腹面具 1 腹板，后方具 1 对骨片；中胸及后胸具 1～7 节树枝状气管鳃，后缘中央具特有的黑色纹。前足基部摩擦器 2 分叉；臀足 2 节，末端具 1 束刚毛；尾足端具长刚毛。体毛鳞片状。

生活习性： 常在水温较低且水体良好的流水中栖息，是水环境变化良好的指示物种。

摄食习性： 主要以藻类、小型无脊椎动物、有机碎屑为食。

分布位置： 汾河干流及支流的上游、沁河、滹沱河、漳河。

3.1.7 龙虱科 Dytiscidae

分类地位： 昆虫纲 Insecta　　鞘翅目 Coleoptera。

形态特征： 为游泳型甲虫，后足具游泳刷。成虫椭圆且扁，光滑流线型。头缩入前胸内。触角一般很长，11节，且不为棒状。下颚须短。背部具条纹和刻点，后翅发达。胸部和腹部通常具有明显的缝合线，后胸腹板缺横缝。前、中足跗节为4节，中足爪下具较多小吸盘；后足跗节具1爪，后足基节左右接触形如腹板，但不覆盖在转节上；胫节和跗节扁平并有缨毛。其幼虫俗称水蜈蚣，体形为长圆柱形，有1对钳形大颚，头部略圆，两侧各具6个黑色单眼，触角4节；躯干11节，前3节为胸节，各具足1对，后8节为腹节，最后2节两侧有毛，末端尾毛2条。

生活习性： 喜栖息于清水、底质为砂质且多水草处，在水流很急的河流和溪流中较少见，成虫善飞翔。

摄食习性： 为肉食性动物，主要捕食各类水生昆虫的幼虫。

分布位置： 汾河中游及支流洪安涧河、沁河中游、桑干河、滹沱河中上游及支流牧马河、漳河支流浊漳河。

3.1.8 水龟科 Hydrophilidae

分类地位： 昆虫纲 Insecta　　鞘翅目 Coleoptera。

形态特征： 成虫体长1.5～30.0mm，卵圆形。触角短，6～9节，锤状，末端数节膨大。下颚须很长，呈丝状。胸部中央有一刺状突并具细绒毛，使其在水中呈现银白色。跗节5节；鞘翅之下有气腔，可储存空气，供呼吸之用。背面黑色，隆凸，一般光滑无毛，个别被短毛；腹面平扁，有时狭长形或平扁形。其幼虫狭长，多为蛴螬型，有时两侧平行或纺锤形；上颚非常尖利；腹部可见9～10节腹板；有时有7对侧鳃；具1对尾须。

生活习性： 喜栖息于水体清澈的砂石底部且多水草处。

摄食习性： 幼虫多为捕食者，喜欢摄食螺类，对鱼卵、鱼苗危害性非常大；成虫多取食腐烂的植物。

分布位置： 汾河干流及支流的上游，沁河上游，桑干河支流恢河、滹沱河、漳河。

3.1.9 鱼蛉科 Corydalidae

分类地位： 昆虫纲 Insecta　　广翅目 Megaloptera。

形态特征： 为完全变态昆虫，老熟幼虫体形较大，体长一般为30～60mm，甚至可达80mm，淡黑色。头部发达，复眼大，单眼3个，丝状触角。腹部有

8对侧鳃，末端有1对短粗的钩状尾足，无尾丝。跗节各节形态相似，均为圆柱形。

生活习性： 多见于溪流附近或凉爽的潮湿生境中，对水体污染较敏感，可用作水环境监测的指示生物。

摄食习性： 有发达的咀嚼式口器，可取食水生昆虫和小型无脊椎动物，幼虫为鱼类的天然饵料。

分布位置： 汾河支流潇河、沁河中上游、漳河支流浊漳河。

3.1.10　春蜓科 Gomphidae

分类地位： 昆虫纲 Insecta　　蜻蜓目 Odonata。

形态特征： 稚虫体形一般较大，粗壮，体长为23～40mm。触角较粗，4节。两只复眼完全分开。下唇中片无凹裂。腹末具短刺。

生活习性： 稚虫为穴居或爬行种类，可挖穴等候食物的到来，在河流、池塘均可见，以卵的形式越冬。

摄食习性： 以浮游生物、小型动物、植物碎屑等为食。

分布位置： 汾河中上游及支流岚河与潇河、沁河、桑干河、滹沱河上游及支流牧马河与绵河、漳河。

3.1.11　伪蜻科 Corduliidae

分类地位： 昆虫纲 Insecta　　蜻蜓目 Odonata。

形态特征： 稚虫体扁，中等大小至大型。头部在背面观两眼互相接触一段较长的距离。罩形下唇匙状。复眼小，眼的后缘中央常有1个小型波状突起。腹部宽，第3～9节具小背棘，第

8~9节具背棘。臀圈明显，四边形或六边形，或稍为长形。足常较长。
生活习性： 稚虫生活于池塘、河流及山溪的底泥中，以卵的形式越冬。
摄食习性： 主要以浮游生物、植物碎屑为食。
分布位置： 汾河上游及支流洪安涧河、沁河中下游及支流端氏河、桑干河、滹沱河上游、漳河支流清漳河。

3.1.12 蜓科 Aeshnidae

分类地位： 昆虫纲 Insecta　　蜻蜓目 Odonata。

形态特征： 稚虫近圆柱形，粗壮且长，体表褐色。头扁平，触角7节，两触角基部之间具显著的角状突。复眼在背面有少量的接触。胸足长，后足腿节的长度超过腹部。腹部膨大，在后半部加宽，第6~9腹节侧缘有侧棘。后胸腹板具一宽的中型瘤突。
生活习性： 稚虫喜生活于静水、缓流水域的植物间或水底处。
摄食习性： 为掠食者，主要取食包括鱼类在内的小型水生动物。
分布位置： 桑干河中游、漳河支流清漳河。

3.1.13 蜻科 Libellulidae

分类地位： 昆虫纲 Insecta　　蜻蜓目 Odonata。
形态特征： 稚虫头部宽，复眼小而突出。下唇匙状，较长，内侧具浅凹裂。腹部膨大，后半部变宽，第6~9腹节具侧棘，肛锥长。体色因栖息环境而异，一般为暗褐色、暗绿色或黑色等。

生活习性： 稚虫一般生活于缓流的河水、溪流、池塘和湿地中，喜攀附在静水水域的植物之间或水底处，以卵的形式越冬。属于我国普通的蜻蜓类。
摄食习性： 捕食小型水生动物。
分布位置： 汾河中游、沁河、桑干河、滹沱河、漳河支流清漳河。

3.1.14 蟌科 Coenagrionidae

分类地位： 昆虫纲 Insecta　蜻蜓目 Odonata。
形态特征： 体形小，细长。头部宽大于长，复眼突出。触角7节，第3节最长。罩形下唇短而扁平，不呈匙状，中片中央末端无浅沟。腹末具3条叶状尾片，气管呈树枝状。
生活习性： 喜生活于静水水域的植物间。
摄食习性： 以浮游生物等为食。
分布位置： 桑干河中下游、漳河支流清漳河。

3.1.15 色蟌科 Calopterygidae

分类地位： 昆虫纲 Insecta　蜻蜓目 Odonata。
形态特征： 稚虫细长苗条，体长25～50mm。头部略呈方形，复眼小。触角粗而长。具有3片匕首状尾片，中片短于侧片，相当扁化。
生活习性： 稚虫生活于河流、山溪等流水水域的植物间。
摄食习性： 为捕食者，以水中小型动物为食，对水体污染较敏感。
分布位置： 汾河、沁河、桑干河中上游、漳河。

3.1.16 摇蚊科 Chironomidae

分类地位： 昆虫纲 Insecta　双翅目 Diptera。

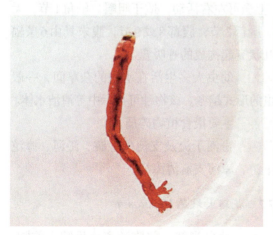

形态特征： 幼虫体形小、细长，呈圆柱形，长2～30mm。头部为前口式，长而坚硬，甲壳质化。触角1对，多为5节，有些4节或6节。体12节，无侧突起。胸部第1节和腹末节各有一伪足凸起。腹部第9节或肛门周围具气管鳃2对。体不具鳞片，体色多样，白色、黄色、淡绿色、棕色不等，有些种类幼虫有血红蛋白，体色呈猩红色，称为血虫。

生活习性： 该科幼虫是最常见的底栖动物之一，数量往往可达底栖动物群落总数的一半以上，红色摇蚊体内含有血红蛋白，比非红色摇蚊更耐污、耐缺氧，为劣质水体的指示物种。

摄食习性： 幼虫主要以细菌、藻类、小型水生动物为食。

分布位置： 汾河中下游及支流文峪河与浍河、沁河中下游、桑干河、滹沱河、漳河。

3.1.17 大蚊科 Tipulidae

分类地位： 昆虫纲 Insecta　　双翅目 Diptera。

3.1.17.1 大蚊属 *Tipula*

形态特征： 幼虫体长10～25mm，最长可达8cm。体表皮厚，深褐色。头壳很发达，完整且硬化，头部与前胸游离或可缩入前胸。上颚可左右活动，适于咀嚼。触角1节，无单眼。胸部3节，腹部8或9节，腹末具由6条辐射的叶状突起构成的呼吸盘。

生活习性： 幼虫大多生活在水中的杂草间，一般以幼虫的形式越冬。该物种可指示中等清洁水体。

摄食习性： 主要摄食植物碎屑。

分布位置： 汾河干流及支流的上游、沁河、滹沱河中下游、漳河支流清漳河。

3.1.17.2 花翅大蚊属 *Hexatoma*

形态特征： 幼虫头部与前胸游离或可缩入前胸。

上颚可左右活动，适于咀嚼。触角1节，无单眼。胸部3节，腹部8或9节，末端橘红色。

生活习性： 大多生活在水体的杂草间。

摄食习性： 主要摄食植物和植物碎屑。

分布位置： 沁河中上游、漳河支流浊漳河。

3.1.18　虻科 Tabanidae

分类地位： 昆虫纲 Insecta　　双翅目 Diptera。

形态特征： 幼虫体长15～25mm，圆柱形，两端呈锥状。体表皮薄，白色或黄色，略透明。头壳不很发达，仅背面硬化，小而长，常缩入前胸。触角1～3节。上颚沟状，可上下活动。腹末具一小的呼吸管。有明显的横向深色环节，包括头部共11或12节。

生活习性： 幼虫大多生活在静水中的杂草间。

摄食习性： 主要摄食植物或腐殖质、碎屑。

分布位置： 汾河干流及支流的上游、沁河上游、桑干河支流恢河、滹沱河中上游及支流绵河、漳河。

3.1.19　水虻科 Stratiomyidae

分类地位： 昆虫纲 Insecta　　双翅目 Diptera。

形态特征： 幼虫有各种形状，圆柱形、细长形或扁梭形，体暗褐色。头壳不很发达，仅背面硬化，常缩入前胸，上颚可上下活动。体节分明，末端具丛生环毛的呼吸管。体壁具碳酸钙结晶，无疣足。

生活习性： 生境多样，可生活在水、腐殖质和蔬菜中。

摄食习性： 以藻类和腐烂的植物为食。

分布位置： 汾河上游、沁河上游、滹沱河中游。

3.1.20 水蝇科 Ephydridae

分类地位： 昆虫纲 Insecta　双翅目 Diptera。

形态特征： 幼虫纺锤形，体白色或褐色。头小而不完整，膜质，可部分缩入前胸。口钩具刺或呈掌状。触角小，2节。前胸的侧面具气门突起，在突起的末端具少数长指状构造。腹部各节缺乏附肢，最后1节末端锥形。身体末端延长成管状，呈1对延伸的呼吸管。

生活习性： 多生活在水草和丝状藻类丛生处，也可钻入水生植物的茎叶中。

摄食习性： 以浮游生物、昆虫幼虫、植物等为食。

分布位置： 桑干河中游。

3.1.21 舞虻科 Empididae

分类地位： 昆虫纲 Insecta　双翅目 Diptera。

形态特征： 幼虫腹部各节具成对的疣状附肢和爬行环带，最后1节具1～4个圆突，比肛足长，附肢末端变为钩状。头壳可部分缩入前胸，一般为长吸式呼吸，若为后气门式呼吸，则腹部最后1节仅具1根呼吸管。

生活习性： 属捕食者，可生活于激流水体的岩石底质之间，有时也栖息于河流浅岸区的湿土中。

摄食习性： 以浮游生物、昆虫幼虫、植物等为食。

分布位置： 漳河支流清漳河。

3.1.22 食蚜蝇科 Syrphidae

分类地位： 昆虫纲 Insecta　双翅目 Diptera。

形态特征： 幼虫蛆形，11节，连同呼吸管体长达35mm。表皮粗糙，体侧有短而柔软的突起。头部及口器不显著，口钩成对。有直肠鳃，具呼吸功能，有的种类在身体末端有细长如鼠尾状的呼吸管。

生活习性： 多生活在富含有机质的污水中或粪池内。在水底或水下物体上爬行，以尾端的呼吸管露出水面呼吸。

摄食习性： 主要摄取水中的有机质。

分布位置： 桑干河支流恢河。

3.1.23 蝎蝽科 Nepidae

分类地位： 昆虫纲 Insecta　半翅目 Hemiptera。

形态特征： 体形瘦长而扁，体色为暗色、深褐色至灰褐色。头小，隐于前胸中。眼大，复眼球形，外突，黑色，缺单眼。触角3节，位于眼下方，短于头部。前胸背板宽于头部，略呈方形，中央有隆起，近后缘有一横沟，翅覆盖在腹部背面。前足发达，呈镰刀状，为捕捉足；中、后足为步行足，细长。腹部背隆起，末端的产卵瓣近似三角形。腹部末端有2个沟管，或愈合成为1根呼吸管，往往超过腹部的长度，以便露出水面进行呼吸。

生活习性: 生活在浅水的底层或水草间,爬行速度很慢,不善游泳,依赖呼吸管伸出水面将身体悬浮。

摄食习性: 主要以昆虫幼虫、甲壳类和鱼苗等为食,对鱼苗或鱼卵伤害非常严重。

分布位置: 汾河干流及支流的上游、沁河下游、桑干河上游、滹沱河下游、漳河支流浊漳河。

3.1.24 黾蝽科 Gerridae

分类地位: 昆虫纲 Insecta　　半翅目 Hemiptera。

形态特征: 体形中等、细长,体长8~20mm。体色暗淡,黑褐色或棕褐色。头部为三角形,小而稍长。触角细长,4节,第1节最长。复眼球形。前胸延长,中胸发达,明显长于前、后胸之和。腹部小,腹节上有特殊腺体,能分泌1种有异味的油类物质。腹面覆有1层极为细密的银白色短毛,具有拒水作用。有或无翅,若有翅则前翅质地均一。足细长,前足短,适宜捕食,中、后足长,密生防水绒毛。

生活习性: 为水面常见昆虫之一,栖居环境包括湖泊、池塘等静水水面,以及溪流等流动水面,在水面上跳跃或滑行。

摄食习性: 以落入水中的昆虫为食。

分布位置: 汾河、沁河、桑干河、滹沱河、漳河。

3.1.25 划蝽科 Corixidae

分类地位: 昆虫纲 Insecta　　半翅目 Hemiptera。

形态特征： 体形瘦长，4～12mm。体两侧平行，灰黄色。头短，喙1～2节。触角3～4节，位于眼下方，且短于头部。复眼黑色，缺单眼。前胸短，小盾片小，背板上有若干近乎平行的黑色横纹，前翅有许多褐色斑纹。前足短，膨大为铲状，易于挖掘，跗节1节；中足细长；后足扁桨状，具游泳刷，呈两侧平行的流线型，跗节2节。

生活习性： 是自由游泳型的昆虫，体轻于水，靠身体周围和翅下储存的空气呼吸，在流水和静水环境中均能生存，行动迅速。

摄食习性： 主要摄食泥中腐屑、藻类、原生动物和其他微小生物，为草食性、肉食性、掠食性或腐食性昆虫。

分布位置： 汾河中游、沁河下游、桑干河中下游。

3.1.26 潜蝽科 Naucoridae

分类地位： 昆虫纲 Insecta　　半翅目 Hemiptera。

形态特征： 体扁，长卵形。头部嵌生在前胸间。触角短，4节，隐生于头下。复眼大，缺单眼。喙圆柱状，稍弯曲，一般3节。胸宽，前翅膜质部无网状翅脉。前足短而强壮，利于捕获和挖掘食物，跗节1节，颇尖；中、后足具有游泳刷。腹部末端不具呼吸管。

生活习性： 可在各类水生栖息地中生存，游泳速度快，产卵于水草的茎上。

摄食习性： 以昆虫幼虫、小型螺类、鱼苗等为食。

分布位置： 桑干河中游。

3.1.27 负子蝽科 Belostomatidae

分类地位： 昆虫纲 Insecta　　半翅目 Hemiptera。

形态特征： 体形大而阔扁，椭圆形，通常青色、灰褐色或黑色。头短阔，呈三角形。喙短而强，5节。复眼大，缺单眼。触角位于眼下方，4节，短于头部。腿粗壮，尤其前足强壮，利于抓捕食物；后足扁，有游泳刷，适于游泳。腹部末端具1对短而能伸缩的呼

吸管。

生活习性： 喜栖息在池沼、稻田、鱼塘中。

摄食习性： 属捕食者，主要捕食昆虫、蝌蚪、鱼苗和其他小型动物。

分布位置： 沁河中游、漳河支流清漳河。

3.1.28　长臂虾科 Palaemonidae

分类地位： 甲壳纲 Crustacea　　十足目 Decapoda。

3.1.28.1　日本沼虾 *Macrobrachium nipponense* de Haan, 1849

形态特征： 体形粗短，呈青绿色，体外被有甲壳。全身有20个体节，分为头胸部和腹部两部分。头胸甲略呈圆筒状，前端有一尖的突起称为额剑，额剑短于头胸甲本身之长，左右侧扁，上缘几乎平直，带锯齿11~14个，下缘向上弧曲，有锯齿2~3个。步足前2对螯状，第2对较大，雄性者尤为强大；后3对指节单爪，短于掌节。

生活习性： 喜栖息于池沼、湖泊或河流多水草的区域中。

摄食习性： 以浮游生物、昆虫幼虫、植物等为食。
分布位置： 汾河中下游、沁河支流丹河、桑干河下游、漳河支流浊漳河。

3.1.28.2 中华小长臂虾 *Palaemonetes sinensis* Sollaud, 1911

形态特征： 体透明，腹部有棕黄色的条状斑纹。头胸甲平滑，有触角刺和鳃甲刺，无肝刺。鳃甲沟明显，伸至头胸甲中部之前。额角发达，短于头胸甲，具齿，平直前伸，上缘具5~6齿，下缘具1~2齿。大颚不具触须。第4胸节腹甲平滑。后3对步足爪状，指节短于掌节，第5对步足掌节末端后缘具数列横排的刺毛列。尾节具2对背刺，末端尖，具2对后侧刺，在两内侧刺间具2对以上的羽状刚毛。
生活习性： 喜栖息于池沼、湖泊或河流中。
摄食习性： 以浮游生物、昆虫幼虫、植物等为食。
分布位置： 汾河、沁河、桑干河、滹沱河、漳河。

3.1.28.3 秀丽白虾 *Exopalaemon modestus* Heller, 1862

 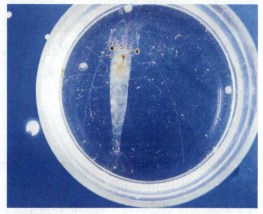

形态特征： 体呈圆筒形，透明，具轻淡的棕色小斑点。头胸甲有鳃甲刺、触角刺而无肝刺。额角发达，呈鸡冠状隆起，上下缘皆有锯齿，上缘基部长于末端的细尖部，具

8~13齿，末部约1/3无齿，下缘具2~4齿。大颚有触须。腹部第2节侧甲覆于第1、3节侧甲外，第4~6节向后趋细而短小，尾节窄长，末端尖。第2对步足对称，比第1对步足大，第3~5对步足均纤细。死后变为通体白色。

生活习性： 喜栖息于池沼、湖泊或河流中，是重要的淡水经济虾类。

摄食习性： 以浮游动物、植物碎屑为食。

分布位置： 漳河支流浊漳河。

3.1.29　匙指虾科 Atyoidae

分类地位： 甲壳纲 Crustacea　　十足目 Decapoda。

形态特征： 体形粗短，呈深绿色或棕色，背部中央有1条不规则的棕色纵纹。头胸甲具触角刺、颊刺。额角发达，通常伸达第1触角柄末端，或稍稍超出，上缘平直，具11~24齿；下缘具2~8齿。大颚无触须。雄性第1腹肢内肢膨大，呈卵圆形薄片，背缘满布小刺。雄性附肢特别粗大，上生许多刺毛。第1、2步足呈匙状，末端具丛毛。

生活习性： 生活于江河、湖沼、池塘和沟渠内，冬季栖息于水深处，春季水温上升后，始向岸边移动，夏季在沿岸水草丛生处索饵和繁殖。

摄食习性： 以水生植物上的周丛生物为食。

分布位置： 汾河干流及支流的上游、沁河、桑干河、滹沱河、漳河。

3.1.30　溪蟹科 Potamidae

分类地位： 甲壳纲 Crustacea　　十足目 Decapoda。

形态特征： 体长10~40mm，宽15~50mm。头胸甲略呈方圆形，棕色，且布有红色斑纹。前侧缘具刺或锯齿，表面密布绒毛。前侧齿基部附近的头胸甲表面具颗粒，后部有长短不等的颗粒隆脊。雄性第1腹肢分4节，末节短，具2裂片。

生活习性： 大部分在山溪石下或溪岸两旁的水草丛和泥沙间，有些也穴居于河、湖、

沟渠岸边的洞穴，终生栖于淡水中。

摄食习性： 以浮游生物、昆虫幼虫、植物等为食。

分布位置： 汾河支流潇河与浍河、沁河、桑干河下游、漳河支流浊漳河。

3.1.31　螯虾科 Cambaridae

分类地位： 甲壳纲 Crustacea　　十足目 Decapoda。

形态特征： 体形较大，呈圆筒状，甲壳坚厚。头胸甲稍侧扁，前侧缘不与口前板愈合，侧缘也不与胸部腹甲和胸肢基部愈合。颈沟明显，具丝状鳃。头部有 5 对附肢，前 2 对为发达的触角。胸部有 8 对附肢，前 3 对为颚足，后 5 对为步足，具爬行和捕食功能。腹部较短，有 6 对附肢，前 5 对为游泳足，不发达，最后 1 对为尾肢，与尾节合成发达的尾扇。

生活习性： 喜栖息于水体流动、水中溶解氧含量高、透明度大，水质清新的水体中。

摄食习性： 主要捕食螺类、昆虫幼虫、植物等。

分布位置： 漳河支流浊漳河。

3.1.32　钩虾科 Gammaridae

分类地位： 甲壳纲 Crustacea　　端足目 Amphipoda。

形态特征： 体形小而扁，背部隆起。体色通常为黄色、灰色、白色或褐色。分为头、胸、腹三部分。头小，无头胸甲。复眼一般较小，眼无柄。胸部具 7 个自由胸节，第 1 胸节与头愈合，胸部其他各节发达，分节明显。胸肢 8 对，单肢型，无外肢。第 1 对在口器的外面，称为颚足；第 2~3 对较大，称为腮足，是捕食的器官，腮足内肢一般分

节；后5对爪状，称为步足。腹肢为双肢型，前3对适于游泳，称为腹肢；后3对用于弹跳，称为尾肢。

生活习性： 喜栖息于清洁的水体中，大多数为底栖物种，活动时爬行或侧卧弹跳式游泳。

摄食习性： 为腐食者，主要捕食动植物的腐殖质和碎屑，是各种鱼类的重要食物来源。

分布位置： 汾河上游及支流岚河、滹沱河支流绵河、漳河支流浊漳河。

3.2　软体动物门 Mollusca

3.2.1　田螺科 Viviparidae

分类地位： 腹足纲 Gastropoda　　中腹足目 Mesogastropoda。

3.2.1.1　中华圆田螺 *Cipangopaludina cahayensis* Gray

形态特征： 为右旋螺类，体形较大，壳稍高，呈陀螺形或旋卷的圆锥形。壳口呈卵圆形，边缘完整，锋锐。螺层6～7层，体螺层明显膨大，表面多凸，具有同心圆的生长线，缝合线深。壳面一般不具环棱。

生活习性： 喜欢栖息于池沼、湖泊或河流中。

摄食习性： 食性杂，主要以水生植物的嫩茎叶、有机碎屑等为食，并且喜欢夜间活动和摄食。具有较高的食用价值。

分布位置： 汾河、沁河下游及支流丹河、桑干河上游、漳河支流浊漳河。

3.2.1.2　铜锈环棱螺 *Bellamya aeruginosa* Reeve

形态特征： 为右旋螺类，壳质厚、坚硬，外形呈长圆锥形。壳面呈铜锈色或绿褐色。

壳口呈卵圆形，上方有一锐角，边缘完整，外唇简单，内唇肥厚，上方贴覆于体螺层上。体螺层上具有3条螺棱，最下面的1条最为显著。各螺层膨胀，有6～7层，不外凸，螺层面近乎平直、光滑，具有同心圆的生长线。脐孔明显，呈缝状。

生活习性： 喜栖息于池沼、湖泊或河流中。

摄食习性： 食性杂，主要以水生植物的嫩茎叶、有机碎屑等为食。经济价值较高，可作为家禽的饲料和肉食性鱼类，特别是青鱼、鲤等的良好天然饵料。

分布位置： 汾河、沁河下游及支流丹河、滹沱河中游。

3.2.2 膀胱螺科 Physidae

分类地位： 腹足纲 Gastropoda　　基眼目 Basommatophora。

形态特征： 为左旋螺类，壳通常脆薄，平滑而有光泽，卵圆形。颜色一般为褐色、灰色或黑色。壳口光滑，呈长椭圆形，上端尖角状，下部圆。无鳃，具囊状肺。螺层3～4层，螺旋部低，壳顶尖。体螺层极胀大，几乎占贝壳全部。其壳面常有藻类生长。

生活习性： 生活于池塘、湖泊及缓流小溪的沿岸。常用于指示有机营养富集和水质恶化。

摄食习性： 一般摄取藻类和其他水生物。

分布位置： 汾河中游、桑干河支流恢河、滹沱河支流绵河。

3.2.3 椎实螺科 Lymnaeidae

分类地位： 腹足纲 Gastropoda　　基眼目 Basommatophora。

3.2.3.1 椭圆萝卜螺 *Radix swinhoei* H. Adams

形态特征： 为右旋螺类，壳薄而坚实，稍透明。外形呈卵圆形、圆锥形或耳形。壳面呈淡黄色或深褐色，具有网状花纹。壳口大，呈长椭圆形，周缘完整。触角1对，眼位于触角的基部，无柄，外部具贝壳。无鳃，外套膜变成肺。有3～4层螺层，常具有1个膨大的体螺层。无角质厣，雌雄同体。

生活习性： 生活在池塘、缓流的小溪、湖泊沿岸带、水库等。可作为中等污染水质的指示生物。

摄食习性： 以浮游生物为食。

分布位置： 汾河中游、沁河、桑干河、滹沱河、漳河流。

3.2.3.2 耳萝卜螺 *Radix auricularia* （Linnaeus）

形态特征： 壳大而高。壳面呈黄褐色或茶褐色，具有明显的生长纹。壳口较大，向外扩张呈耳形，外缘薄，呈半圆形，内缘贴覆于体螺层上，轴缘略扭成S形。有4层螺层，螺旋部极短、尖锐，体螺层膨大，形成贝壳的绝大部分。脐孔位于皱褶的后边。雌雄同体，但异体受精，卵生。

生活习性： 为中国特有种，广泛栖息于各种静水和缓流水域，是耐污染指示种。

摄食习性： 以浮游生物为食。

分布位置： 汾河支流文峪河与洪安涧河、沁河中下游、桑干河、漳河。

3.2.4　扁卷螺科 Planorbidae

分类地位： 腹足纲 Gastropoda　　基眼目 Basommatophora。

形态特征： 贝壳一般左旋，多为小型种。呈圆盘状，螺层在1个平面上旋转，少数种类螺旋部升高。壳口呈斜椭圆形，外缘薄，锐利。触角细长，呈线状，眼位于触角基部。壳面光滑或有龙骨，有的种类壳内有隔板。无厣。雌雄同体。

生活习性： 多栖息于沼泽、池塘、小溪中，附着于水草及其他物体上，是鱼类的天然饵料。

摄食习性： 以浮游生物为食。

分布位置： 沁河、桑干河下游、漳河。

3.2.5　蚬科 Corbiculidae

分类地位： 双壳纲 Bivalvia（又称瓣鳃纲 Lamellibranchia）　　真瓣鳃目 Eulamellibranchia。

3.2.5.1　河蚬 *Corbicula fluminea*（Müller）

形态特征： 贝壳中等大小，呈圆底三角形。壳面颜色因环境而异，常呈棕黄色、黄绿色或黑褐色。壳高与壳长近似，两壳膨胀，壳顶高，稍偏向前方。壳质坚固，壳面有粗糙的环肋。足大，呈舌状。雌雄同体。

生活习性： 多栖息于淡水湖泊、沟渠、池塘及咸淡水交汇的江河中。

摄食习性： 以浮游生物为食，产量高，资源丰富，是鱼、虾的天然饵料。

分布位置： 沁河、漳河。

3.2.5.2 球蚬属 Sphaerium

形态特征： 贝壳较小，呈卵圆形、方形或三角形，白色或粉色。两壳相等，但两侧不对称，壳顶近中央。壳质薄而脆，壳面光滑，有光泽，具细致的同心圆生长线。铰合部极窄，具主齿，右壳主齿1枚，左壳主齿2枚；侧齿延长形，光滑，在右壳前、后各有2枚。雌雄同体。

生活习性： 淡水种类，为鱼类的天然饵料。

摄食习性： 以浮游生物为食。

分布位置： 汾河支流岚河。

3.2.6 蚌科 Unionidae

分类地位： 双壳纲 Bivalvia　　蚌目 Unionoida。

3.2.6.1 舟形无齿蚌 Anodonta euscaphys（Heude）

形态特征： 贝壳呈稍有角突的卵圆形，两壳相等，铰合部无铰合齿。幼体壳面呈黄绿色或黄褐色，成体壳面呈黑褐色或黄褐色。壳表平滑，质薄，易破碎。壳顶部刻纹常为同心圆或折线形。足发达，无足丝，营自由生活。

生活习性： 多栖息于淤泥底质、水流略缓或静水水域内。

摄食习性： 以浮游生物为食。

分布位置： 汾河上游及支流潇河、沁河上游、桑干河上游、漳河支流浊漳河。

3.2.6.2 背角无齿蚌 Anodonta woodiana woodiana Lea

形态特征： 壳长可达190mm，壳高130mm，壳宽80mm，无铰合齿。壳面绿褐色，壳

内珍珠层乳白色。外形呈有角突的卵圆形，前端稍圆，后端呈斜切状，腹缘呈弧形。后背部有自壳顶射出的3条粗肋脉。闭壳肌痕长椭圆形。

生活习性：多栖息于淤泥底质、水流略缓或静水水域内。该物种有净化水质功能，可作为中等污染水质指标生物。

摄食习性：滤食流过的藻类和有机碎屑。

分布位置：汾河支流潇河、沁河中下游、滹沱河支流绵河、漳河。

3.3　环节动物门 Annelida

3.3.1　颤蚓科 Tubificidae

分类地位：寡毛纲 Oligochaeta　　近孔寡毛目 Oligochaeta plesinpora。

3.3.1.1　水丝蚓属 Limnodrilus

形态特征：体褐红色，体后部呈黄绿色。口前叶圆锥形。背部仅有钩状刚毛，末端有分叉。腹刚毛形状相似。无发毛。环带明显，在第Ⅺ~Ⅻ节呈戒指状。受精囊内常有精荚，具有狭长呈喇叭形的阴茎鞘。

生活习性：喜栖息于淤泥底质中，耐污能力强，常作为有机污染的指示物种。

摄食习性：以浮游生物为食。

分布位置：汾河流域、沁河、桑干河中上游、滹沱河、漳河支流浊漳河。

3.3.1.2　尾鳃蚓属 Branchiura

形态特征：体节分明，体表呈微红色。无吻，无眼。从身体约2/3处开始直至尾端每个体节均有1对鳃状鳃，位于背、腹面。前端背刚毛每束有针状刚毛5~10条，腹刚毛钩

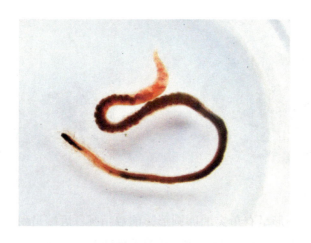

状,每束5~8条。尾部有毛。

生活习性: 多栖息于沟渠流水两侧泥层中,属喜氧种类。

分布位置: 桑干河中下游、漳河支流浊漳河。

3.3.2 水蛭科 Hirudinidae

分类地位: 蛭纲 Hirudinea　　颚蛭目 Gnathobdellidae。

形态特征: 体中等或大型,略呈纺锤形,扁平,体表乳突显著。眼点常为5对,呈弧形排列。口内有颚,颚上有2行钝的齿板。体前端尖细,后端钝圆。体分107环,前吸盘小,后吸盘圆大,吸附力强。背面暗绿色,有5条纵行的黑色间杂淡黄色的斑纹,黄色部分由各体节中间3环上的圆形斑点构成,中线较深,腹面两侧及中间共有9条断续的黑色纵纹。

生活习性: 生活于水田及沼泽中。行动敏捷,能作波浪式游泳和尺蠖式移动。

摄食习性: 吸食水中的浮游生物、软体动物幼体等。

分布位置: 汾河支流文峪河、桑干河中上游、滹沱河支流绵河、漳河支流清漳河。

3.3.3 石蛭科 Erpobdellidae

分类地位: 蛭纲 Hirudinea　　石蛭目 Herpobdellida。

形态特征: 体呈圆柱形,前后两端略狭,体长20~52mm,宽3~9mm,背面色深。眼点4对,前2对横列在第2环,后2对横列在第5环的近两侧处。腹面色稍淡,前吸盘小,后吸盘与体同宽。体分107节,完全体节的第5环较宽,但无次生环。具不规则的

黑色斑点。

生活习性： 生活于池塘、河流中，可附着在石块下。

摄食习性： 吸食水中的浮游生物。

分布位置： 汾河、沁河中下游、桑干河中上游、滹沱河、漳河支流浊漳河。

3.3.4　舌蛭科 Glossiphoniidae

分类地位： 蛭纲 Hirudinea　　吻蛭目 Rhynchobdellida。

形态特征： 体扁平，椭圆形。眼 1～4 对。身体不分为明显的前后两部分，无外鳃或皮肤囊。前吸盘位于头部腹面。中段各体节具 3 环轮。

生活习性： 多寄生于鱼的口腔壁、鳃上和鳍的基部，有的也寄生于河蚌或蛙上。不善于游泳，营半寄生生活。

摄食习性： 吸食水中的浮游生物。

分布位置： 汾河上游及支流洪安涧河、沁河中游、滹沱河支流绵河、漳河支流浊漳河。

3.4 扁形动物门 Platyhelminthes

3.4.1 三角涡虫科 Dugesiidae

分类地位： 涡虫纲 Turbellaria　　三肠目 Tricladida。

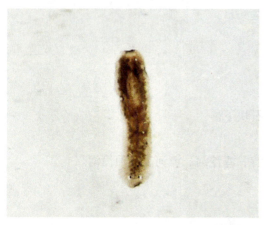 

形态特征： 体扁长，体小者不足1mm，体大者可达50cm。背部微凸，灰褐色。体前端呈三角形，两侧略突起，称为耳突，前端背面、耳突内侧有1对黑色眼点；体后端稍尖。
生活习性： 涡虫纲为扁形动物门中最原始的纲，大部分种类营自由生活，也可寄生在其他涡虫类、软体动物、甲壳类体内。
摄食习性： 以浮游生物、小甲壳类及昆虫幼虫为食。
分布位置： 汾河、沁河。

第4章 浮游植物

浮游植物通常指浮游藻类，是水体中能够进行光合作用，需要借助于显微镜才可见的微小植物，主要包括蓝藻门、绿藻门、硅藻门、甲藻门、裸藻门、隐藻门、金藻门、黄藻门、褐藻门、红藻门。各藻类以细胞分裂的方式进行繁殖，并且在适宜的环境中繁殖速度非常快，通常所见的水华现象就是藻类大量繁殖的结果。

2017年在五大流域共鉴定浮游植物79属，分属8门，分别为蓝藻门、硅藻门、绿藻门、甲藻门、裸藻门、隐藻门、黄藻门、金藻门。其中，绿藻门种类最多，包括39属，但优势类群以硅藻门的舟形藻属、菱形藻属、羽纹藻属、小环藻属等为主。本书收录了62属共7门浮游植物的物种信息，其余17属物种在五大流域分布情况见表4-1。

表4-1　未收录的浮游植物在五大流域的分布情况

门	物种	分布位置
蓝藻门 Cyanophyta	席藻属 Phormidium	汾河、沁河、桑干河、滹沱河、漳河
	隐球藻属 Aphanocapsa	汾河
	尖头藻属 Raphidiopsis	桑干河、漳河
	束球藻属 Gomphosphaeria	汾河
绿藻门 Chlorophyta	球囊藻属 Sphaerocystis	汾河
	空球藻属 Eudorina	汾河、沁河、桑干河、滹沱河、漳河
	双胞藻属 Geminella	桑干河
	胶带藻属 Gloeotaenium	汾河、桑干河、滹沱河
	四球藻属 Tetrachlorella	汾河、沁河、滹沱河
	胶网藻属 Dictyosphaerium	桑干河、滹沱河
	韦氏藻属 Westella	汾河、沁河、桑干河、滹沱河、漳河
	链丝藻属 Hormidium	汾河、桑干河、滹沱河
	四星藻属 Tetrastrum	漳河
	多芒藻属 Golenkinia	汾河、沁河、漳河
	红球藻属 Haematococcus	汾河
黄藻门 Xanthophyta	黄管藻属 Ophiocytium	汾河
	黄丝藻属 Tribonema	汾河、漳河

汾河流域的浮游植物以硅藻门的舟形藻属、菱形藻属、羽纹藻属、小环藻属为优势类群，上游段的优势类群还包括隐藻属、光甲藻属，介休段的优势类群包括裸藻属。对比浮游植物的密度和生物量：汾河上游、介休段及支流文峪河、浍河较高，汾河水库下游的丰润镇至大留村段及支流潇河、洪安涧河较低。沁河流域的优势类群包括硅

藻门的桥弯藻属、舟形藻属、菱形藻属、羽纹藻属、卵形藻属、小环藻属。张峰水库下游段及支流丹河的浮游植物密度和生物量高于其他河段。桑干河流域的优势类群包括蓝藻门的席藻属，硅藻门的针杆藻属、舟形藻属、菱形藻属、羽纹藻属、小环藻属，绿藻门的栅藻属和弓形藻属，以及裸藻门的裸藻属。桑干河中下游的浮游植物密度和生物量高于上游及支流恢河、浑河。滹沱河流域的优势类群主要包括硅藻门的针杆藻属、舟形藻属、菱形藻属、羽纹藻属、小环藻属，绿藻门的衣藻属和裸藻门的裸藻属；下茹越水库下游及定襄县段的浮游植物密度及生物量较高，代县、原平市段及支流牧马河、绵河的浮游植物密度和生物量较低。漳河流域的优势类群包括硅藻门的针杆藻属、桥弯藻属、舟形藻属、菱形藻属、羽纹藻属、等片藻属、卵形藻属、小环藻属和绿藻门的栅藻属。清漳河的浮游植物密度及生物量低于浊漳河。

4.1 蓝藻门 Cyanophyta

4.1.1 颤藻属 *Oscillatoria*

分类地位： 蓝藻纲 Cyanobacteria　　颤藻目 Oscillatoriales　　颤藻科 Osicillatoriaceae。

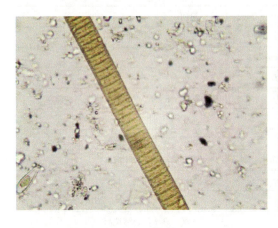 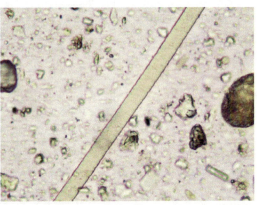

形态特征： 藻丝细长，圆柱形，不分枝。藻体大多等宽，有的逐渐狭小，有的弯曲如钩，或作螺旋状转向，体外表无胶鞘。藻丝顶端细胞形状多样，末端增厚或具帽状体，细胞间的横壁处平直或出现缢缩。细胞内含物一般为灰蓝或深蓝绿色，无定点地或有规律地分布在靠近横壁处，少数具伪空泡。在水中能不断颤动。
生活习性： 分布甚广，常见于有机质丰富的淤泥表面和浅水池塘。
分布位置： 汾河、沁河、桑干河、滹沱河、漳河。

4.1.2 螺旋藻属 *Spirulina*

分类地位： 蓝藻纲 Cyanobacteria　　颤藻目 Oscillatoriales　　颤藻科 Osicillatoriaceae。

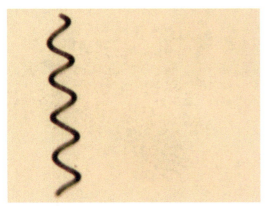 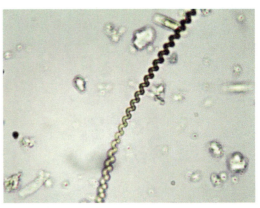

形态特征： 植物体为单细胞或多细胞组成的丝状体，无胶鞘。群体内细胞圆柱形，组成疏松或紧密的有规则的螺旋状弯曲丝状体。藻体可以颤动和旋转运动。细胞或藻丝顶部常不尖细，横壁常不明显，不收缢或收缢，顶端细胞圆形，外壁不增厚，内含物均匀或有颗粒，无真正的细胞核。无异形胞和厚壁孢子。藻体为淡蓝绿色，无藻殖段，可大量繁殖形成水华。

生活习性： 分布在淡水、湖泊或咸淡水中。常见种类有极大螺旋藻、大螺旋藻、钝顶节旋藻等。

分布位置： 汾河，沁河，桑干河流域的东邸河村、大滩头村、固定桥、花瞳村，滹沱河中下游，漳河支流浊漳河。

4.1.3　集胞藻属 *Synechocystis*

分类地位： 蓝藻纲 Cyanobacteria　色球藻目 Chroococcales　平裂藻科 Merismopediaceae。

形态特征： 单细胞或由许多细胞密集而成球状的植物团块，细胞球形，细胞外表具1层极薄的透明而无色的胶质；细胞原生质均匀，或具微小的颗粒。

生活习性： 在池塘、湖泊、河流、水库中均有分布。

分布位置： 滹沱河中下游。

4.1.4　平裂藻属 *Merismopedia*

分类地位： 蓝藻纲 Cyanobacteria　色球藻目 Chroococcale　平裂藻科 Merismopediaceae。

形态特征： 藻体小型、浮游，为1层细胞厚的平板状群体，呈方形或长方形。由32个至数百上千个细胞有规则地排列，两个成对，两对成一组，四组成一小群，许多小群

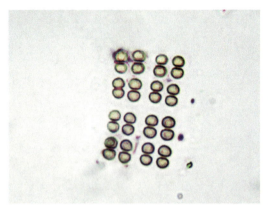
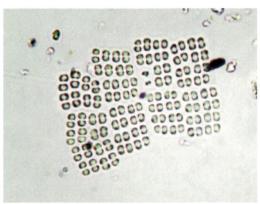

集合成平板状藻体。细胞球形或椭圆形,内含物均匀,少数具伪空泡或微小颗粒。群体胶被无色,透明而柔软,个体胶被不明显,呈淡蓝绿色至亮绿色,少数为玫瑰色或紫蓝色。

生活习性: 多生活在静水水体中,喜较肥沃水质或长有水草的沿岸区。

分布位置: 汾河、沁河、桑干河、滹沱河、漳河支流浊漳河。

4.1.5　色球藻属 *Chroococcus*

分类地位: 蓝藻纲 Cyanobacteria　　色球藻目 Chroococcales　　色球藻科 Chrococcaceae。

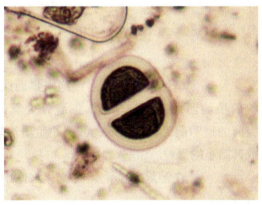

形态特征: 细胞圆球形、半圆形或卵形,颜色为蓝绿色、淡蓝绿色、灰色或黄色等。藻体多数为2、4、6个或更多一些细胞组成的群体,少数为单细胞。单细胞时,细胞为球形,群体中的细胞为半球形或1/4圆形。内含物均匀或具小颗粒、具原核,有或无伪空胞。细胞均具明显胶被,个体胶被互相分开,群体者既具群体胶被,其内的细胞也各具胶被。群体中两个细胞相连处平直或有棱角而非球形。

生活习性: 生长于潮湿岩石、静止水体、溪流中,常混生于其他藻类中,不形成优势种。属中营养淡水种类。

分布位置： 汾河、沁河中游、桑干河、滹沱河中下游、漳河支流浊漳河。

4.1.6 微囊藻属 *Microcystis*

分类地位： 蓝藻纲 Cyanobacteria　　色球藻目 Chroococcales　　微囊藻科 Microcystaceae。

形态特征： 植物体由多数细胞组成，近球形、近椭圆形、不规则形、穿孔状群体。有的群体胶被明显，均匀无色，有的群体胶被不明显。群体内细胞球形、长圆形、无规则形紧密排列，有时互相挤压而出现棱角，无个体胶被。细胞呈淡蓝色、亮蓝绿色、橄榄绿色，常有伪空胞。以细胞分裂进行繁殖。

生活习性： 亚热带、热带地区的湖泊、池塘等水体中均有，营浮游生活。当形成强烈水华时，称为湖靛。

分布位置： 汾河、桑干河、滹沱河。

4.1.7 蓝纤维藻属 *Dactylococcopsis*

分类地位： 蓝藻纲 Cyanobacteria　　色球藻目 Chroococcales　　聚球藻科 Synechococcaceae。

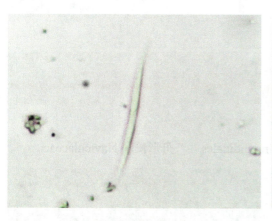 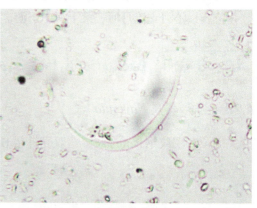

形态特征： 藻体为单细胞或群体，群体胶被无色透明。细胞直或弯曲呈弓形、S形或不规则形，两端尖。细胞内含物均匀。颜色为淡蓝绿色。

生活习性： 浮游或附在水中其他物体上。

分布位置： 汾河、沁河、桑干河、滹沱河、漳河。

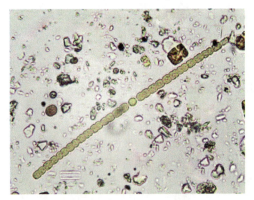

4.1.8　鱼腥藻属 *Anabaena*

分类地位：蓝藻纲 Cyanobacteria
　　　　　　念珠藻目 Nostocales
　　　　　　念珠藻科 Nostocaceae。

形态特征：植物体为单列细胞组成不分支的单一丝状体，丝状体直或弯曲，细胞球形、桶形。异形胞间生，厚壁孢子单一或排列成串，远离异形胞或与异形胞直接相连。

生活习性：生于各种水体中及潮湿地表上。

分布位置：汾河上游、桑干河中游、滹沱河、漳河支流浊漳河。

4.1.9　拟鱼腥藻属 *Anabaenopsis*

分类地位：蓝藻纲 Cyanobacteria
　　　　　　念珠藻目 Nostocales
　　　　　　念珠藻科 Nostocaceae。

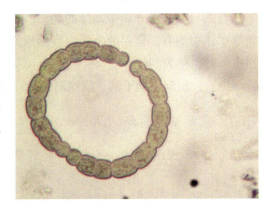

形态特征：植物体为单列细胞组成不分支的丝状体，呈念珠状螺旋弯曲或彼此缠绕，少数直。异形胞大多顶生，常成对，厚壁孢子间生，远离异形胞。

生活习性：生于各种水体中及潮湿地表上。
分布位置：沁河支流丹河、桑干河中下游。

4.2　硅藻门 Bacillariophyta

4.2.1　舟形藻属 *Navicula*

分类地位：羽纹纲 Pennatae　　双壳缝目 Biraphidinales　　舟形藻科 Naviculaceae。

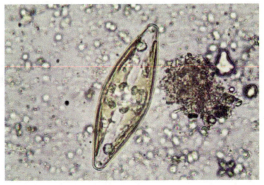

形态特征： 单细胞，一般为舟形、纺锤形或椭圆形，带面长方形。壳面花纹多为点纹或线纹。中轴区狭窄，壳缝发达，具中央节和极节。色素体片状，多为2块。

生活习性： 可适应海水、淡水及半咸水等各类水体。

分布位置： 汾河、沁河、桑干河、滹沱河、漳河。

4.2.2　羽纹藻属 *Pinnularia*

分类地位： 羽纹纲Pennatae　　双壳缝目Biraphidinales　　舟形藻科Naviculaceae。

形态特征： 单细胞或连成丝状群体。壳面椭圆形至披针形，两侧平行，带面长方形。中轴区宽，有时超过壳面的1/3，常在近中央节和极节处膨大。两端圆，壳缝在中线上，直或扭曲，到末端呈分叉状。壳面具横的平行的肋纹。色素体2个，片状，位于细胞带面两侧。

生活习性： 多生活于淡水且较浅的水体中。

分布位置： 汾河、沁河、桑干河、滹沱河、漳河。

4.2.3　布纹藻属 *Gyrosigma*

分类地位： 羽纹纲Pennatae　　双壳缝目Biraphidinales　　舟形藻科Naviculaceae。

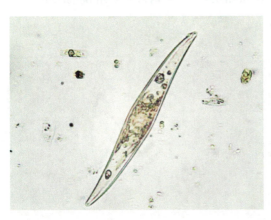
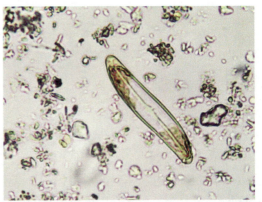

形态特征： 单细胞或连成丝状群体。壳面披针形，具横向平行的肋纹。两侧平行，两端钝圆至平截形，带面长方形。中轴区宽，有时超过壳面的1/3，常在近中央节和极节处膨大。色素体2个，片状，位于细胞带面两侧。细胞壁含硅质，由上、下两壳套合而成。

生活习性： 多生活于淡水且较浅的水体中。

分布位置： 汾河、沁河、桑干河、滹沱河、漳河支流浊漳河。

4.2.4 异极藻属 *Gomphonema*

分类地位： 羽纹纲Pennatae　　双壳缝目Biraphidinales　　异极藻科Gomphonemaceae。

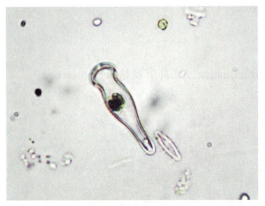
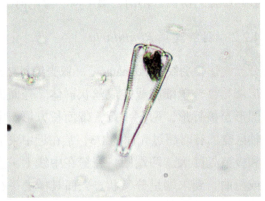

形态特征： 壳面披针形或棒状，上下两端明显不对称，上端比下端大，两侧对称，带面多楔形。横线纹由粗点纹或细线纹组成，略呈放射状排列。色素体1个，片状，侧生。

生活习性： 多为淡水种类，海水种类较少。细胞营固着生活，有时从胶质柄上脱落，成为偶然性的单细胞浮游种类。

分布位置： 汾河、沁河、桑干河、滹沱河、漳河。

4.2.5 桥弯藻属 *Cymbella*

分类地位： 羽纹纲Pennatae　　双壳缝目Biraphidinales　　桥弯藻科Cymbellaceae。

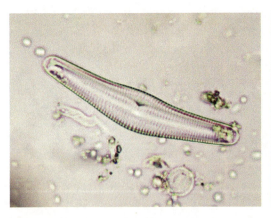
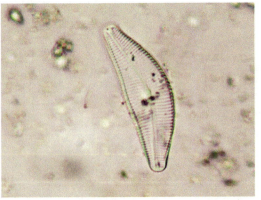

形态特征： 壳面纵轴弯转，半月形、纺锤形。纵轴两侧左右不对称，有明显的背、腹两侧，背侧凸出，腹侧平直或中部略凸出。壳缝多偏向腹侧，直或弧状弯曲。横轴和壳环轴的两侧完全对称。面的孔纹为点条纹，放射状排列。有中节和端节。

生活习性： 典型的淡水种类。

分布位置： 汾河、沁河、桑干河、滹沱河、漳河。

4.2.6 双眉藻属 *Amphora*

分类地位：羽纹纲 Pennatae　　双壳缝目 Biraphidinales　　桥弯藻科 Cymbellaceae。

形态特征：壳面椭圆形或近圆形。壳面花纹左右对称，上壳与下壳花纹的粗细与排列方式略有不同或相似。上壳中线上只有拟壳缝，下壳有壳缝、中节和端节。壳的横轴略有弯曲，因此，宽壳环面为长方形，而狭壳环面为弧形或屈膝形。色素体只有1个。

生活习性：一种淡水普生性种类。

分布位置：汾河、沁河、桑干河、滹沱河、漳河。

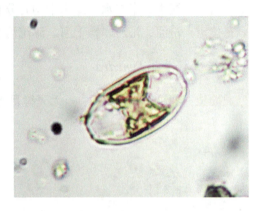

4.2.7 脆杆藻属 *Fragilaria*

分类地位：羽纹纲 Pennatae　　无壳缝目 Araphidiales　　脆杆藻科 Fragilariaceae。

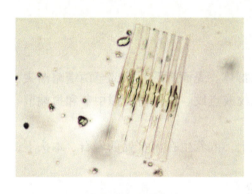

形态特征：细胞常以壳面相连形成长带群体。壳面长披针形或椭圆形，两端略细小，花纹为细线形或点纹，假壳缝线形。有的种类中心区矩形，带面长方形。末端略膨大，钝圆形。

生活习性：主要在淡水（如河流、湖泊）中生活。

分布位置：汾河、沁河、滹沱河、漳河。

4.2.8 等片藻属 *Diatoma*

分类地位：羽纹纲 Pennatae　　无壳缝目 Araphidiales　　脆杆藻科 Fragilariaceae。

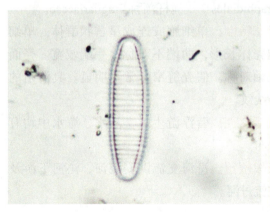

形态特征：单细胞或呈带状、锯齿状群体。壳面舟形、线形、棒形或椭圆形，有的种类两端略膨大，壳缝狭窄。带面长方形，具一至多个间生带。壳面和带面均有横隔片和细线纹。有横纹，与细胞横轴平行。无壳缝，不能行动。色素体多个，呈椭圆形。

生活习性：淡水、半咸水、海水中均有分布。

分布位置：汾河、沁河、桑干河、滹沱河、漳河。

4.2.9 针杆藻属 *Synedra*

分类地位：羽纹纲 Pennatae　　无壳缝目 Araphidiales　　脆杆藻科 Fragilariaceae。

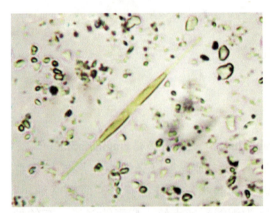 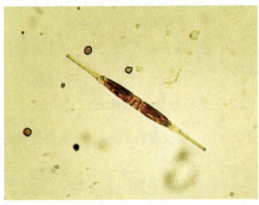

形态特征：细胞细长，单独生活或形成放射状群体。壳面针形，中部至两端略渐尖，或等宽，末端呈头状。具假壳缝，两侧具横线纹或点纹。尚保留着拟中节和拟端节。色素体带状或颗粒状。

生活习性：浮游或着生在沉水植物、丝状藻类上，或着生在流水处的岩石、木头上，适宜生存于各类水体中。

分布位置：汾河、沁河、桑干河、滹沱河、漳河。

4.2.10 星杆藻属 *Asterionella*

分类地位：羽纹纲 Pennatae　　无壳缝目 Araphidiales　　脆杆藻科 Fragilariaceae。

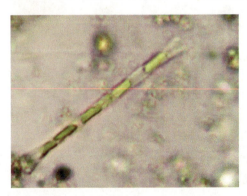

形态特征：单细胞或连成星芒状群体。单细胞壳体长形，两端不对称，一端较宽。壳面长轴对称。假壳缝窄，常不明显。具清晰的横线纹。

生活习性：营浮游生活，淡水、海水中均有分布。

分布位置：汾河支流洪安涧河、沁河下游及支流丹河。

4.2.11 菱形藻属 *Nitzschia*

分类地位： 羽纹纲 Pennatae　　管壳缝目 Aulonoraphidinales　　菱形藻科 Nitzschiaceae。

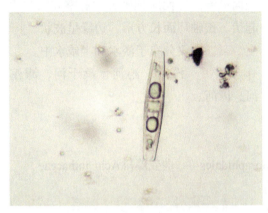 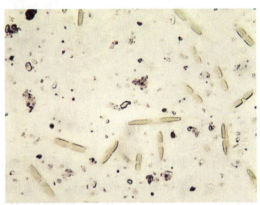

形态特征： 单细胞，有的形成群体，个别种类的细胞位于单一的或分枝的胶质管中。细胞长形，两端尖。带面观呈菱形。壳面具横线纹或 1 列点纹，一侧具龙骨突，上下壳的龙骨突不在同一侧。龙骨突上具管壳缝，内壁有许多小孔。色素体多为 2 个，片状，位于带面的一侧，少数种类具 4～6 个。
生活习性： 多为底栖种类，也有营浮游生活的。广泛分布于淡水、海水中。
分布位置： 汾河、沁河、桑干河、滹沱河、漳河。

4.2.12 双菱藻属 *Surirella*

分类地位： 羽纹纲 Pennatae　　管壳缝目 Aulonoraphidinales　　双菱藻科 Surirellaceae。
形态特征： 单细胞。壳面楔形、卵形、椭圆形或长方形，有时中部缢缩。带面细长形或楔形。两侧缘具龙骨突，其上有管壳缝。花纹为横肋纹，肋纹间还有横线纹，左右对称。每个细胞只有 1 个色素体。

生活习性： 营浮游生活，淡水、海水及半咸水中都有分布。
分布位置： 汾河、沁河、桑干河、滹沱河、漳河。

4.2.13 波缘藻属 *Cymatopleura*

分类地位： 羽纹纲 Pennatae　　管壳缝目 Aulonoraphidinales　　双菱藻科 Surirellaceae。

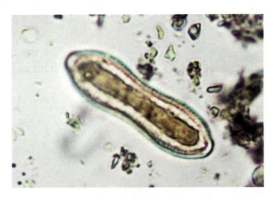

形态特征： 壳面椭圆形或纺锤形，中部缢缩，末端钝圆。肋纹短，内具6~9条。带面两侧具明显的波状皱褶。管壳缝位于壳面周缘。壳面顺顶轴方向有整齐的波状起伏。长轴环面长方形，边缘呈波状。

生活习性： 仅分布于淡水和半咸水中。

分布位置： 汾河、沁河、桑干河、滹沱河、漳河。

4.2.14 曲壳藻属 Achnanthes

分类地位： 羽纹纲 Pennatae　单壳缝目 Monoraphidales　曲壳藻科 Achnanthaceae。

形态特征： 单细胞或连成链，或以胶质柄附着在他物上。壳面线形披针形或线形椭圆形，两端对称；具明显的龙骨突，纵轴弯曲。上壳面具假壳缝，下壳面具壳缝和极节，为真壳缝。

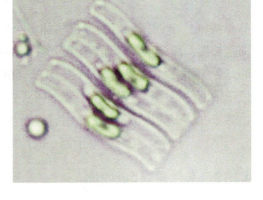

生活习性： 生活于海水、淡水和半咸水中。

分布位置： 汾河支流岚河与文峪河、沁河中下游、滹沱河、漳河。

4.2.15 卵形藻属 Cocconeis

分类地位： 羽纹纲 Pennatae　单壳缝目 Monoraphidales　曲壳藻科 Achnanthaceae。

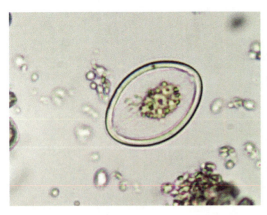
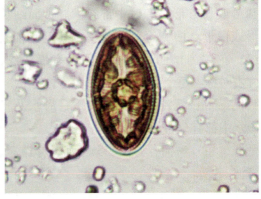

形态特征： 单细胞，细胞扁平，壳面卵形、椭圆形或近圆形。上壳中线上只有拟壳缝，具中轴区；下壳有壳缝、中节和端节。壳纹为排列成直角或稍呈辐射状的横线纹或点纹，左右对称，不具胶质柄。

生活习性： 多营附着在大型藻类、沉水植物上生活，在淡水、海水中均有分布。

分布位置： 汾河、沁河、桑干河、滹沱河、漳河。

4.2.16 小环藻属 *Cyclotella*

分类地位： 中心纲 Centriae　　圆筛藻目 Coscinodiscales　　圆筛藻科 Coscinodiscaceae。

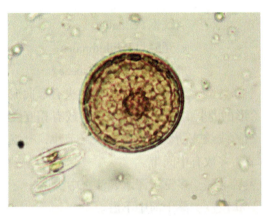
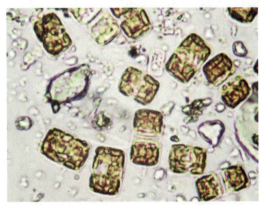

形态特征： 细胞圆盘形，单细胞生活，或2~3个相连在一起。壳面构造分成两圈：外圈有向中心的条带或条状纹，有时具小刺；内圈即中央部分，平滑无纹，或有向心排列的点纹，或有排列不规则的花纹。壳面平或有起伏，或中央部分向外鼓起。色素体多，小盘形。具复大孢子。

生活习性： 主要生活于淡水中，在近海也有发现。

分布位置： 汾河、沁河、桑干河、滹沱河、漳河。

4.2.17 直链藻属 *Melosira*

分类地位： 中心纲 Centriae　　圆筛藻目 Coscinodiscales　　圆筛藻科 Coscinodiscaceae。

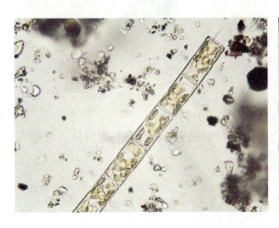
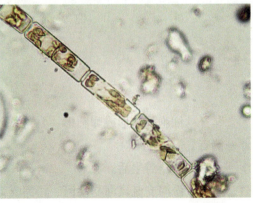

形态特征： 细胞圆球形或圆柱形，由壳面相连接呈链丝状。壳面圆形，细胞壁较厚，有细点纹或孔纹。有的带有1条线形的环状缢缩，称为"环沟"。有2条环沟时，2条环沟间的部分称为"颈部"。细胞间有沟状的缢入部，称为"假环沟"。壳顶端有粗刺。

生活习性： 在淡水、海水中均有分布，早春、晚秋时数量较多。

分布位置： 汾河、桑干河、滹沱河、漳河。

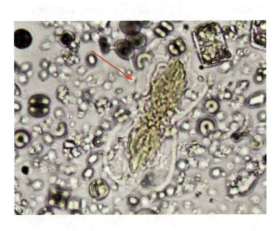

4.2.18 茧形藻属 *Amphiprora*

分类地位： 羽纹纲 Pennatae
　　　　　　短壳缝目 Raphidinales
　　　　　　舟形藻科 Naviculaceae。

形态特征： 壳面披针形，在中央有弯曲成S形的龙骨，切顶线为点纹列或有相互交错的线纹或肋纹。壳缝中央结节小，有端节，多数有中间带。

生活习性： 多见于海水，淡水中少见。

分布位置： 桑干河中下游。

4.3 绿藻门 Chlorophyta

4.3.1 微芒藻属 *Micractinium*

分类地位： 绿藻纲 Chlorophyceae　　绿球藻目 Chlorococcales　　栅藻科 Scenedesmaceae。

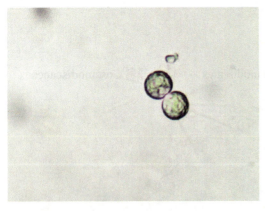
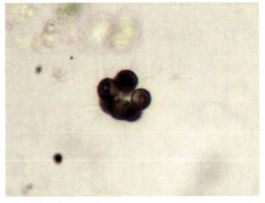

形态特征： 细胞呈球形或卵圆形，常4个聚在一起排列成四边形或不规则群体。细胞向外一侧有1～10根长刺。

生活习性： 营浮游生活。

分布位置： 汾河支流岚河与浍河、沁河支流丹河、桑干河中游、滹沱河中下游。

4.3.2 栅藻属 *Scenedesmus*

分类地位：绿藻纲 Chlorophyceae　　绿球藻目 Chlorococcales　　栅藻科 Scenedesmaceae。

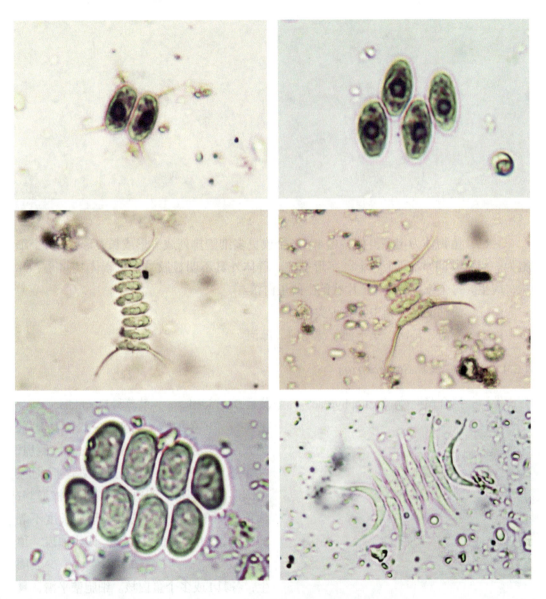

形态特征：群体扁平，由2、4、8或16个细胞组成，排列成1条直线。群体中细胞以其长轴相互平行，在同平面上排成1列，或上下两列或多列。各细胞呈长方形、圆柱形，上下两端广圆形。两侧的上下两端各具1个长直或略弯曲的刺；中间部分细胞的两端及两侧细胞的侧面游离部上均无刺。具1个周生色素体和1个蛋白核。
生活习性：是最常见的浮游藻类，在各类水体中均有分布。
分布位置：汾河、沁河、桑干河、滹沱河、漳河。

4.3.3 十字藻属 *Crucigenia*

分类地位： 绿藻纲 Chlorophyceae　　绿球藻目 Chlorococcales　　栅藻科 Scenedesmaceae。

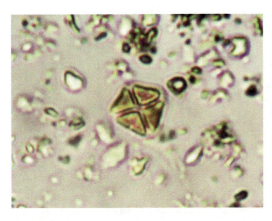
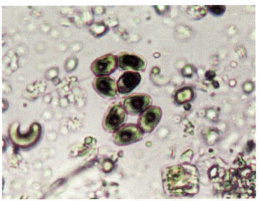

形态特征： 植物体为定型群体，由 4、16 个或更多细胞排列成方形或长方形，每 4 个细胞为一组，其间常有 1 个 "十"字形空隙。群体外具不明显胶被。色素体 1~4 个，片状，周生。每个细胞各含 1 个片状侧生的蛋白核。
生活习性： 为湖泊、池塘中常见种类。
分布位置： 汾河、沁河、桑干河、滹沱河、漳河。

4.3.4 角星鼓藻属 *Staurastrum*

分类地位： 接合藻纲 Conjugatophyceae　　鼓藻目 Desmidiales　　鼓藻科 Desmidiaceae。

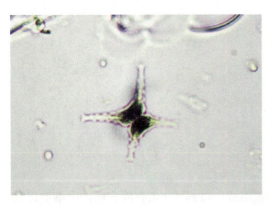

形态特征： 单细胞，细胞体一般长大于宽，绝大多数辐射对称，少数两侧对称，侧扁，大多缢缝深凹。半细胞正面观呈半圆形、近圆形、椭圆形、四边形、梯形或楔形等；顶角或侧角向水平方向延长形成长度不等的突起，边缘一般为波形，具数轴齿，顶端平或具刺；具 1 个轴生色素体，少数周生，各具 1 或多个蛋白核。细胞壁平滑，具点纹、圆孔纹、颗粒和多种刺、瘤。

生活习性： 主要为浮游藻类，可作为水体营养类型的指示生物。
分布位置： 滹沱河中下游。

4.3.5 盘藻属 *Gonium*

分类地位： 绿藻纲 Chlorophyceae　　团藻目 Volvocales　　团藻科 Volvocaceae。

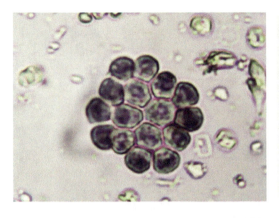 

形态特征：由4、16或32个衣藻形细胞排列成扁平的盘状群体。细胞梨形或卵形，包埋于胶被中，彼此有胶质丝相连。每个细胞有1个细胞核、1个眼点、1对等长的鞭毛、2个伸缩泡及1个含有蛋白核的杯状色素体。

生活习性：多生活于营养物较丰富的淡水水体中。

分布位置：桑干河中上游、滹沱河中下游。

4.3.6 弓形藻属 *Schroederia*

分类地位：绿藻纲 Chlorophyceae   绿球藻目 Chlorococcales   小桩藻科 Characiaceae。

形态特征：单细胞，无柄。细胞针形、纺锤形，直或弯曲，两端细胞壁延长成尖刺，或一端尖直，另一端成一小盘或向后弯曲的两叉。色素体1或多个，片状，周生。每个色素体具蛋白核1或多个。

生活习性：可在池塘、湖泊水体中漂浮生活。

分布位置：汾河、沁河、桑干河、滹沱河、漳河。

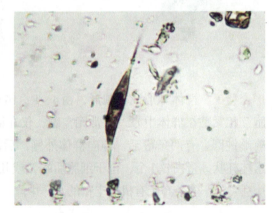

4.3.7 水绵属 *Spirogyra*

分类地位：接合藻纲 Conjugatophyceae   双星藻目 Zygnematales   双星藻科 Zygnemataceae。

形态特征：植物体为多细胞不分支丝状体，柱形。色素体1~16条，为周生盘绕的螺旋带状，其上具1列蛋白核。细胞中央有1个大液泡。1个细胞核位于液泡中央的一团细胞质中。核周围的细胞质和四周紧贴细胞壁的细胞质之间，有多条呈放射的胞质丝相连。接合生殖为梯形接合或侧面接合。具接合管，接合孢子形态多样，孢壁光滑或有花纹。生长初期为亮绿色，衰老期或生殖期呈黄绿色、黄色的棉絮状漂浮于水面。

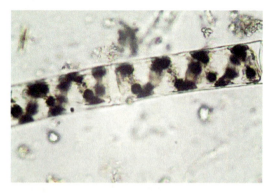
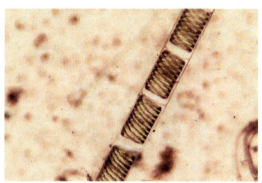

生活习性：在浅水中常见。

分布位置：汾河、沁河、桑干河下游、漳河支流浊漳河。

4.3.8 实球藻属 *Pandorina*

分类地位：绿藻纲 Chlorophyceae　　团藻目 Volvocales　　团藻科 Volvocaceae。

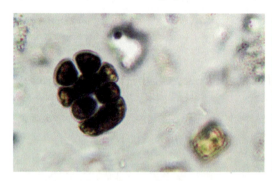
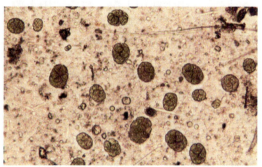

形态特征：群体球形或椭圆形，由4、8、16或32个细胞组成，并有群体胶被。群体细胞互相紧贴在群体中心，通常无空隙，仅在群体中心有较小的空间。细胞卵形或楔形，前端钝圆，有两条鞭毛，伸向群体外侧，后端渐狭。眼点位于细胞的近前端一侧。色素体杯状，蛋白核1个，位于细胞后端，或几个位于细胞侧面。

生活习性：多分布于有机质丰富的水体中。

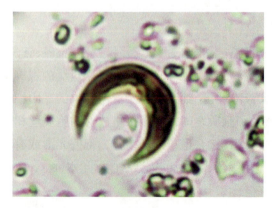

分布位置：汾河、沁河、桑干河、滹沱河、漳河支流浊漳河。

4.3.9 月牙藻属 *Selenastrum*

分类地位：绿藻纲 Chlorophyceae
　　　　　绿球藻目 Chlorococcales
　　　　　小球藻科 Chlorellaceae。

形态特征：细胞呈新月形，两端尖，通常由4、8或16个细胞以凸面相对排列成一组。整个群体细胞数可达100个以上。单个细胞有1个大的色素体。
生活习性： 适宜在淡水水体中生活。
分布位置： 桑干河、滹沱河。

4.3.10 小球藻属 Chlorella

分类地位： 绿藻纲Chlorophyceae　　绿球藻目Chlorococcales　　小球藻科Chlorellaceae。
形态特征： 单细胞，球形，壁很薄，可聚集成群，群体内细胞大小不一。单细胞具色素体1个，杯状，周生，占细胞的大部分；具蛋白核1个，有时不很明显。
生活习性： 喜有机质丰富的水体，细胞含丰富蛋白质。
分布位置： 沁河、桑干河、漳河支流浊漳河。

4.3.11 刚毛藻属 Cladophora

分类地位： 绿藻纲Chlorophyceae　　绿球藻目Chlorococcales　　刚毛藻科Cladophoraceae。
形态特征： 植物体为一年或多年生，着生，或幼体着生成体漂浮。具有丰富分枝的丝状体，分枝为互生、对生型，宽度小于主枝。细胞长筒形，幼体为1个网状叶绿体，成体为多个颗粒状。细胞核、蛋白核和周生的盘状色素体多个，色素体周生。细胞壁厚，具纹层。顶端生长或间生长，或两者兼有。

生活习性： 在海水、淡水、流水、静水等各类水体中均可生活。
分布位置： 汾河上游及支流岚河、沁河中上游、桑干河上游、滹沱河下游及支流绵河、漳河支流浊漳河。

4.3.12 衣藻属 Chlamydomonas

分类地位： 绿藻纲Chlorophyceae
　　　　　团藻目Volvocales
　　　　　衣藻科Chlamydomonadaceae。
形态特征： 属于真核生物。细胞核1个，具2条鞭毛，与细胞等长或稍短。色素体杯状、片状或星状等。蛋白核1个，位于后部或侧面，或散布于色素体中。眼点位于细胞前、中部。细胞前端有

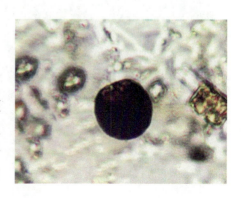

2个伸缩泡。繁殖方式以细胞分裂为主。
生活习性： 喜生活于较浅的水体中，有的种类可大量繁殖形成水华。
分布位置： 汾河、沁河、桑干河、滹沱河、漳河。

4.3.13　壳衣藻属 *Phacotus*

分类地位： 绿藻纲 Chlorophyceae　　团藻目 Volvocales　　壳衣藻科 Phacotaceae。

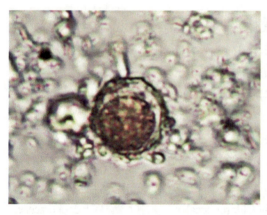
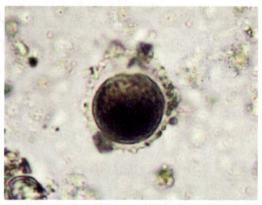

形态特征： 单细胞，纵扁。具囊壳，囊壳正面观呈圆形、卵形或椭圆形，侧面观呈广卵形、椭圆形或双凸透镜形。囊壳由两个半片组成，侧面两个半片接合处具1条纵向的横线。囊壳呈暗黑色，常具各种花纹。原生质体为卵形或近卵形，前端中央具2条等长的鞭毛，从囊壳的1个开孔伸出，基部具2个伸缩泡。色素体大，杯状，具1个或数个蛋白核。眼点位于细胞的近前端或近后端的一侧。
生活习性： 营浮游生活，生活于各类水体中。
分布位置： 汾河支流岚河、桑干河中游、滹沱河中游及支流绵河、漳河支流浊漳河。

4.3.14　顶棘藻属 *Chodatella*

分类地位： 绿藻纲 Chlorophyceae　　绿球藻目 Chlorococcales　　小球藻科 Chlorellaceae。

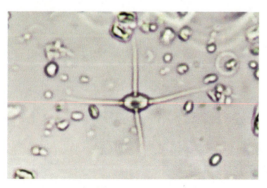

形态特征： 单细胞藻类。细胞呈椭球形、卵形等。细胞两端或两端和中部具对称排列的长刺。色素体1~4个，周生、片状或盘状。
生活习性： 营浮游生活，常见于小型水体中，喜有机质丰富的水质。
分布位置： 沁河中游、桑干河支流浑河、滹沱河中下游、漳河支流浊漳河。

4.3.15 浮球藻属 Planktosphaeria

分类地位： 绿藻纲 Chlorophyceae　　绿球藻目 Chlorococcales　　卵囊藻科 Oocystaceae。

形态特征： 多细胞浮游植物，呈椭圆形。植物体内细胞球形，胶鞘无沟状突起，细胞体包裹于胶被中。

生活习性： 可在各类淡水水体中生存。

分布位置： 汾河、桑干河、滹沱河、漳河支流浊漳河。

4.3.16 四角藻属 Tetraedron

分类地位： 绿藻纲 Chlorophyceae　　绿球藻目 Chlorococcales　　小球藻科 Chlorellaceae。

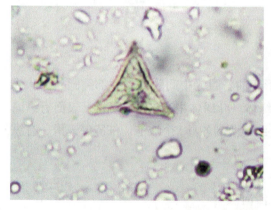
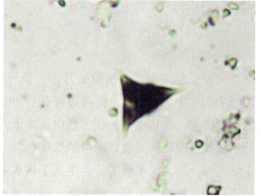
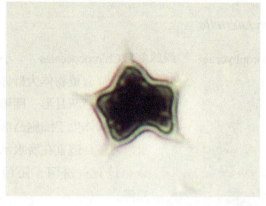

形态特征： 单细胞藻类，细胞扁平或为对称的三角形、四边形、多边形。角顶分歧或不分歧，有短刺1~3个或者无。色素体侧生，盘状或多角形，或者充满整个细胞。蛋白核有或无，细胞幼时为单核，老细胞为多核，具2、4或8个。

生活习性： 在池塘或湖泊等静水水体中常见。

分布位置： 汾河、沁河中游、桑干河、滹沱河、漳河。

4.3.17　新月藻属 *Closterium*

分类地位： 接合藻纲 Conjugatophyceae　　鼓藻目 Desmidiales　　鼓藻科 Desmidiaceae。

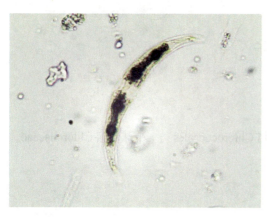
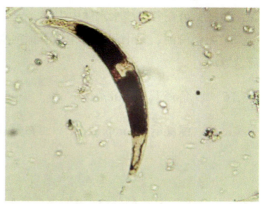

形态特征： 单细胞，藻细胞新月形，呈弓形弯曲。腹缘中间膨大，顶部钝圆、喙状或逐渐尖细。中央有1核，核两边各有1个叶绿体。叶绿体中有1列造粉核，表面有纵向的条状突起，横切面呈芒状。蛋白核多个，细胞两端各具1个液泡。细胞壁光滑，有纵行的线纹或颗粒，无色，或呈淡红褐色。

生活习性： 均为淡水种类，喜生活于软水中。

分布位置： 汾河、沁河、桑干河、滹沱河、漳河。

4.3.18　蹄形藻属 *Kirchneriella*

分类地位： 绿藻纲 Chlorophyceae　　绿球藻目 Chlorococcales　　小球藻科 Chlorellaceae。

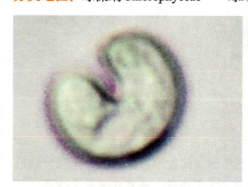

形态特征： 植物体为群体，群体外有胶被。细胞弯曲，呈新月形、蹄形或镰刀形，顶端尖或钝。色素体生于细胞凸侧，蛋白核1个。

生活习性： 适宜在淡水水体中生活。

分布位置： 汾河、沁河、桑干河、滹沱河、漳河。

4.3.19　盘星藻属 *Pediastrum*

分类地位： 绿藻纲 Chlorophyceae　　绿球藻目 Chlorococcales　　群星藻科 Sorastraceae。

形态特征： 植物体为真性定形群体，由2、4、8、16、32、64或128个细胞的细胞壁彼

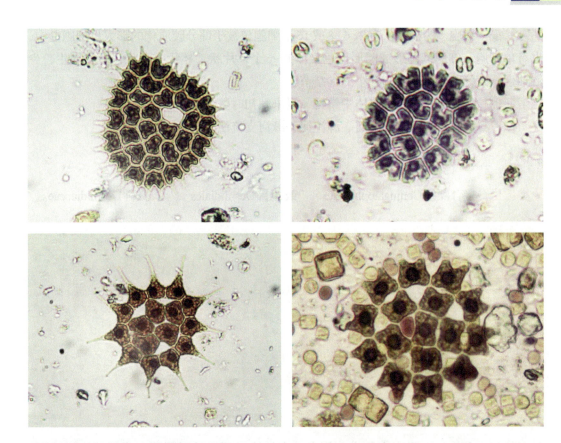

此连接形成一层细胞厚的扁平盘状、星芒状群体。内部细胞三角形、多角形、梯形等，细胞壁平滑或具颗粒、细网纹。幼时色素体1个，周生，片状、圆盘状，具1个蛋白核；老细胞色素体扩散，并有多个蛋白核和细胞核。

生活习性： 在各类淡水水体中均可生存。

分布位置： 桑干河、滹沱河、漳河流。

4.3.20 卵囊藻属 *Oocystis*

分类地位： 绿藻纲Chlorophyceae　　绿球藻目Chlorococcales　　卵囊藻科Oocystaceae。

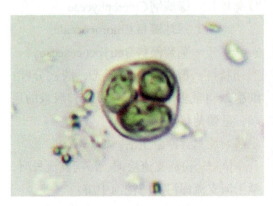
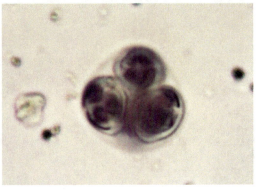

形态特征： 细胞多为群体，有2、4、8或16个细胞包被于部分胶质化的膨大母细胞壁中，也有单细胞。细胞椭圆形或圆形。色素体1～5个，片状、杯状或盘状，多为周生，少数轴生。细胞壁光滑，两端有小的端结节。

生活习性： 在有机质丰富的水体中常见，夏末秋初时数量较多。

分布位置： 汾河、沁河、桑干河、滹沱河、漳河支流浊漳河。

4.3.21　鼓藻属 *Cosmarium*

分类地位： 接合藻纲 Conjugatophyceae　　鼓藻目 Desmidiales　　鼓藻科 Desmidiaceae。

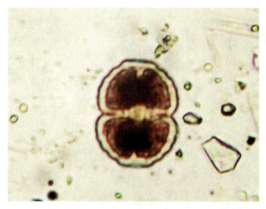
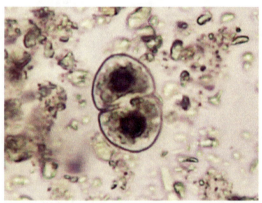

形态特征： 单细胞，形态变化大，侧扁。半细胞正面观呈近圆形、半圆形、椭圆形、卵形等。顶缘平直，侧缢常深凹。色素体在各半细胞中有1、2或4个，轴位，极少数种类具数条带状的色素体，每个色素体内具1个或多个蛋白核。细胞壁平滑，具点纹、孔纹，或具规则排列的颗粒、乳头状突起。

生活习性： 在小型水体、浅水和沿岸区多见。

分布位置： 汾河、沁河、桑干河、滹沱河中下游、漳河。

4.3.22　葡萄藻属 *Botryococcus*

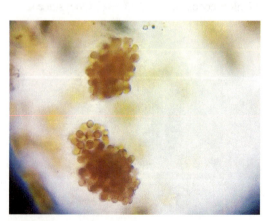

分类地位： 绿藻纲 Chlorophyceae
　　　　　　绿球藻目 Chlorococcales
　　　　　　葡萄藻科 Botryococcaceae。

形态特征： 群体无一定形态，胶被分叶；细胞2、4或多个一组包被在群体胶被的顶端，呈葡萄状。

生活习性： 营浮游生活。

分布位置： 汾河支流浍河、沁河支流丹河、桑干河支流浑河、滹沱河中游。

4.3.23 集星藻属 *Actinastrum*

分类地位：绿藻纲 Chlorophyceae
　　　　　绿球藻目 Chlorococcales
　　　　　群星藻科 Sorastraceae。

形态特征：群体无胶被，通常由4、8或16个细胞组成群体，群体细胞以一端相连呈放射状排列。细胞长柱形，两端平截形、广圆形或尖形。色素体周生，片状，约覆盖细胞壁的1/3。具1个蛋白核。

生活习性：为湖泊、池塘中常见种类。
分布位置：汾河、沁河、桑干河、滹沱河、漳河支流浊漳河。

4.3.24 空星藻属 *Coelastrum*

分类地位：绿藻纲 Chlorophyceae　　　绿球藻目 Chlorococcales　　　空星藻科 Coelastraceae。

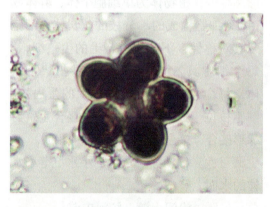
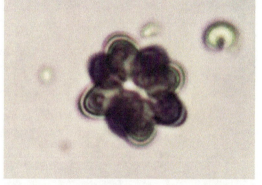

形态特征：植物体为真性定形群体，由4、8、16、32、64、128个或更多细胞组成多孔、中空的球体或多角形体。细胞球形、圆锥形、近六边形或截顶形，以细胞壁或细胞壁上的突起彼此连接形成群体。细胞壁平滑、部分增厚或具管状突起。色素体周生，幼时杯状。具1个蛋白核，成熟后扩散，几乎充满整个细胞。
生活习性：在湖泊、池塘中常见，可形成优势种。
分布位置：汾河、沁河、桑干河、滹沱河、漳河支流浊漳河。

4.3.25 并联藻属 *Quadrigula*

分类地位：绿藻纲 Chlorophyceae　　　绿球藻目 Chlorococcales　　　卵囊藻科 Oocystaceae。
形态特征：植物体为群体，常由2、4或8个细胞组成。细胞纺锤形、长椭圆形。产生似亲孢子，营无性生殖。

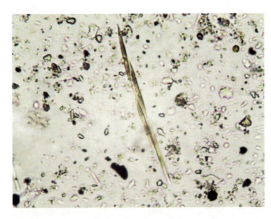 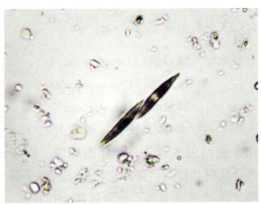

生活习性：可在各类淡水水体中生存。

分布位置：沁河、桑干河、滹沱河、漳河支流浊漳河。

4.3.26　双星藻属 *Zygnema*

分类地位：接合藻纲 Conjugatophyceae　双星藻目 Zygnematales　双星藻科 Zygnemataceae。

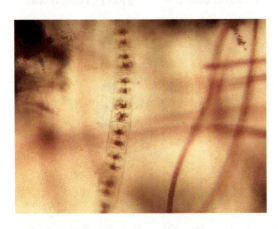

形态特征：植物体为单细胞个体、群体或由1列细胞构成的不分枝的丝状体。细胞常具对称性，不产生有鞭毛的生殖细胞。每个细胞具2个上下排列的星芒状色素体，每个色素体中央有1个大的蛋白核。细胞核位于2个色素体之间。接合生殖为梯形接合，接合孢子与配子囊中相通。

生活习性：常漂浮于沟渠、小水坑等小水体的水面上。

分布位置：汾河上游、沁河中游。

4.4　甲藻门 Pyrrophyta

4.4.1　多甲藻属 *Peridinium*

分类地位：甲藻纲 Pyrrophyceae　横裂甲藻亚纲 Dinophyceae　多甲藻目 Peridinales　多甲藻科 Peridiniaceae。

形态特征：单细胞，球形、椭圆形或多角形，横断面常呈肾形。前端常呈细而短的圆顶状，或凸出呈角状；后端钝圆或分叉呈角状。横沟显著，纵沟略上伸到上壳。色素体多个，颗粒状。细胞核大，位于细胞中部。细胞内有液泡，贮藏物质除淀粉外，海产种类还具很多油滴。

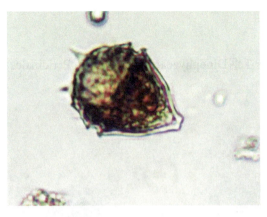 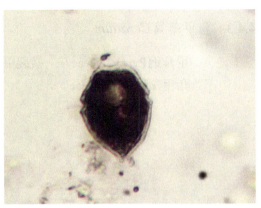

生活习性： 多数在海水中生存，少数在淡水中生存。

分布位置： 汾河、桑干河、滹沱河下游、漳河支流清漳河。

4.4.2 薄甲藻属 *Glenodinium*

分类地位： 甲藻纲Pyrrophyceae　　横裂甲藻亚纲Dinophyceae　　多甲藻目Peridinales 薄甲藻科Glenodiniaceae。

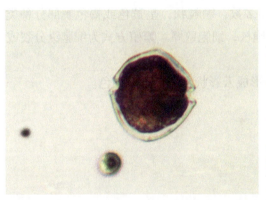 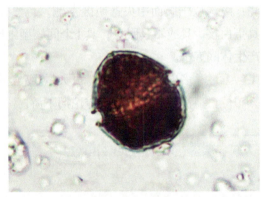

形态特征： 单细胞，球形、椭圆形或卵形。背腹扁平，或略凹入。细胞裸露或具薄细胞壁。细胞壁大多数为整块，少数种类由多角形、大小不等的板片组成。横沟位于细胞中部或略偏于下壳，环状围绕，很少螺旋环绕；纵沟明显。鞭毛1条。色素体数多，盘状、狭椭圆状、棒状，周生或辐射状排列，呈黄色、褐色、绿色或蓝色。具1个细胞核。有的种类具1个红色眼点。细胞纵分裂为常见繁殖方式，也可通过产生动孢子、不动孢子或休眠孢子进行繁殖。

生活习性： 大多为淡水种类，少数生活于海洋中。本属种类对低温、低光照有极强的适应能力，是鱼类越冬池中浮游植物的重要组分。

分布位置： 汾河支流岚河、桑干河支流浑河、滹沱河中游、漳河支流浊漳河。

4.4.3 角甲藻属 *Ceratium*

分类地位： 甲藻纲 Pyrrophyceae　　横裂甲藻亚纲 Dinophyceae　　多甲藻目 Peridinales　　角甲藻科 Ceratiaceae。

 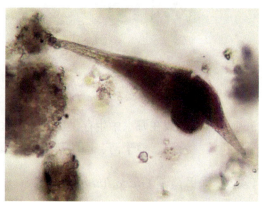

形态特征： 植物体为单细胞或链状群体。顶角1个，细长。底角2～3个，有的种类只有1个底角。横断面常呈肾形。横沟显著，环状，位于细胞中央，将植物体分为上、下壳；纵沟位于腹面中央透明区左侧。色素体多数，颗粒状，呈黄色或褐色。部分种类具蛋白核。具或不具眼点，具1个间核型细胞核，细胞壁厚。繁殖方式为细胞纵分裂或产生休眠孢子。

生活习性： 多生活于淡水中，可大量生殖，形成云彩状水华，呈红褐色。

分布位置： 汾河、桑干河、滹沱河下游。

4.5 裸藻门 Euglenophyta

4.5.1 囊裸藻属 *Trachelomonas*

分类地位： 裸藻纲 Euglenophyceae　　裸藻目 Euglenales　　裸藻科 Euglenaceae。

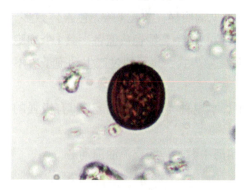

形态特征： 植物体为单细胞，细胞裸露，无细胞壁。颜色为褐色、黄色、橙色或无色。细胞外具一胶质的囊壳，囊壳形状多样，有球形、卵形、椭圆形或纺锤形，表面光滑或有点、瘤、刺、花纹等。囊壳前端有孔，1根鞭毛由此伸出。眼点明显。色素体盘状，多数。淀粉小，圆形或短杆形。

生活习性： 在温暖的静止或缓流淡水水体和沼

泽中常见，某些种类大量繁殖可形成水华。

分布位置： 汾河、沁河、桑干河、滹沱河、漳河。

4.5.2　扁裸藻属 *Phacus*

分类地位： 裸藻纲 Euglenophyceae　　裸藻目 Euglenales　　裸藻科 Euglenaceae。

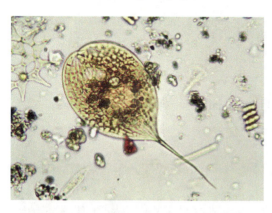 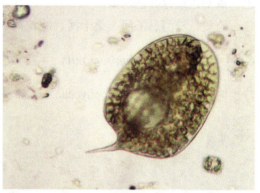

形态特征： 单细胞，正面观一般为圆形、卵形或椭圆形。细胞扁平，呈叶片状，少数有些扭曲。顶端具纵沟，后端多具尾刺。表质硬，不能变形，具纵向或螺旋状排列的线纹、肋纹或颗粒。色素体多数，呈圆盘形，无蛋白核。具1根鞭毛。同化产物为副淀粉，多数呈两个大型环状体，位于细胞两侧。具1个明显的眼点。

生活习性： 在浅小水体中分布广泛，喜有机质丰富水质，但很少形成优势种。

分布位置： 汾河、沁河、桑干河、滹沱河、漳河。

4.5.3　裸藻属 *Euglena*

分类地位： 裸藻纲 Euglenophyceae　　裸藻目 Euglenales　　裸藻科 Euglenaceae。

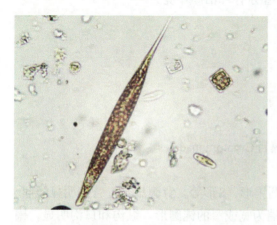 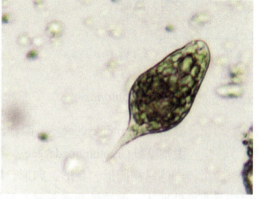

形态特征： 植物体为单细胞，呈纺锤形或针形。质柔软，可变形，有时呈螺旋形扭曲。具窄的螺旋形纵沟，前端圆形或平截形，有时略呈头状，后尾收缢成尖尾刺。表质具有自右向左的螺旋线纹。具1条鞭毛。具1个红色眼点，位于鞭毛基部。细胞核位于细胞中部。色素体1个或多个，呈盘状、片状、带状或星状，颜色多为绿色。有或无蛋白核。副淀粉粒2个大的呈环形，分别位于核的前后两端，其余小的呈杆形、卵形或长方形等颗粒。少数种类无色素体，有些种类具裸藻红素，可使细胞呈红色。

生活习性： 多生活在浅小而有机质丰富的水体，如池塘、鱼塘等，某些种类可形成绿色、黄褐色或棕红色水华。

分布位置： 汾河、沁河、桑干河、滹沱河、漳河。

4.5.4 陀螺藻属 Strombomonas

分类地位： 裸藻纲 Euglenophyceae　　裸藻目 Euglenales　　裸藻科 Euglenaceae。

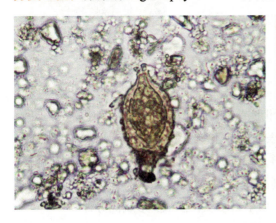
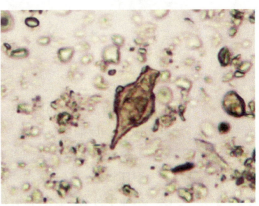

形态特征： 细胞具囊壳，囊壳较薄，呈陀螺形，前端逐渐收缩成一长领，领与囊壳之间无明显界限。多数种类的后端渐尖，呈一长尾刺。囊壳的表面光滑或具皱纹，纹饰较囊裸藻少。鞭毛1根，眼点较大，色素体盘状，淀粉圆形、椭圆形或颗粒状。

生活习性： 在淡水中常见，喜肥沃的静止小型水体和沼泽环境。

分布位置： 汾河、漳河。

4.6 隐藻门 Cryptophyta

4.6.1 隐藻属 Cryptomonas

分类地位： 隐藻纲 Cryptophyceae　　隐鞭藻目 Cryptomonadales
　　　　　　隐鞭藻科 Cryptomonadaceae。

形态特征： 细胞呈椭圆形、豆形、卵形、圆锥形、S形等。背腹扁平，背侧明显隆起。腹侧平直或略凹入，前端钝圆或斜截，后端为宽或窄的钝圆形。纵沟和口沟明显，鞭毛2条，略不等长，自口沟伸出，常小于细胞长度。细胞核1个，位于细胞后端。色素体多为2个，有时1个，多为黄绿色或黄褐色。

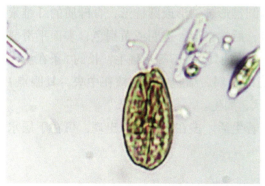 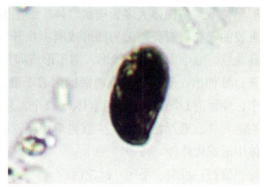

生活习性： 分布广，在有机质丰富的水体中数量较多，在湖泊、鱼池中常见。

分布位置： 汾河、沁河、桑干河、滹沱河、漳河。

4.7 金藻门 Chrysophyta

4.7.1 锥囊藻属 *Dinobryon*

分类地位： 金藻纲Chrysophyceae 金藻目Chrysomonadales 棕鞭藻科Ochromonadaceae。

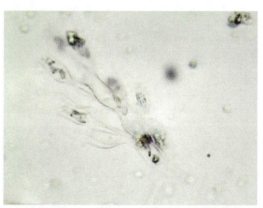

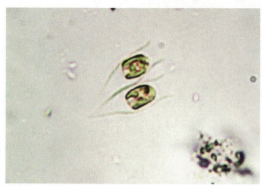 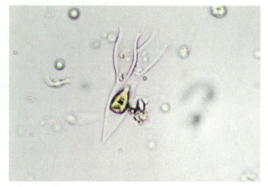

形态特征： 植物体大多为树状群体。细胞具圆锥形、钟形或圆柱形，含硅质的纤维素果胶的囊壳。囊壳前端为圆形或喇叭状开口，后端锥形，透明或黄褐色，表面平滑或具花纹。原生质体为纺锤形、圆锥形或卵形，前端具2条不等长鞭毛，长的1条在囊壳开口处伸出。基部以细胞质短柄附着于囊壳的底部。细胞中细胞核在中央，具眼点1个，伸缩泡1个或多个，色素体1~2个，片状，周生。

生活习性： 营浮游生活，少数为单细胞，固着生活。多在寒冷季节出现，可在下层水体中形成优势种。

分布位置： 汾河、沁河、滹沱河。

第5章 浮游动物

浮游动物种类复杂，数量庞大，在生态系统的结构、功能、生物生产力方面占有重要地位的主要为原生动物、轮虫、枝角类和桡足类四大类。原生动物是由单细胞构成的，是最原始、最低等的动物；轮虫是多数种类生活于淡水中的多细胞动物，是除原生动物外的体形最小的后生动物；枝角类和桡足类均为小型甲壳动物，有的肉眼可见，其中，枝角类通常称为溞或水蚤，桡足类主要包括哲水蚤目、剑水蚤目和猛水蚤目三大类。

2017年在五大流域共鉴定浮游动物62属，其中，原生动物和轮虫分别为34属和22属，枝角类、桡足类均为3属。优势类群主要包括草履虫属、钟虫属、侠盗虫属、弹跳虫属、龟甲轮虫属、臂尾轮虫属等。本书共收录浮游动物35属，包括原生动物14属、轮虫16属、枝角类2属、桡足类3属的物种信息，其余27属物种在五大流域的分布情况见表5-1。

表5-1 未收录浮游动物在五大流域的分布情况

	物种	分布位置
原生动物 Protozoa	太阳虫属 Actinophrys	汾河、沁河、桑干河、滹沱河、漳河
	长吻虫属 Lacrymaria	汾河、沁河、桑干河、滹沱河
	表壳虫属 Arcella	汾河、滹沱河、漳河
	聚缩虫属 Zoothamnium	沁河、桑干河
	砂壳虫属 Difflugia	汾河、沁河、滹沱河、漳河
	矛刺虫属 Hastatella	沁河、桑干河
	葫芦虫属 Cucurbitella	沁河
	肾形虫属 Colpoda	桑干河、漳河
	缨球虫属 Cyclotrichium	漳河
	眼虫属 Euglena	汾河、沁河、桑干河、滹沱河
	斜口虫属 Enchelys	汾河、沁河
	前口虫属 Frontonia	汾河
	尾丝虫属 Uronema	汾河
	膜袋虫属 Cyclidium	沁河、桑干河、滹沱河
	刀口虫属 Spathidium	沁河
	裸口虫属 Holophrya	桑干河
	棘球虫属 Acanthosphaera	沁河、桑干河
	四膜虫属 Tetrahymena	沁河
	斜毛虫属 Plagiopyla	桑干河
	映毛虫属 Cinetochilum	桑干河

续表

物种		分布位置
轮虫 Rotifera	晶囊轮虫属 Asplanchna	沁河、桑干河、漳河
	无柄轮虫属 Ascomorpha	汾河、沁河、桑干河、滹沱河、漳河
	旋轮虫属 Philodina	沁河、滹沱河
	须足轮虫属 Euchlanis	滹沱河
	鞍甲轮虫属 Lepadella	沁河
	叶轮虫属 Notholca	滹沱河
枝角类 Cladocera	溞属 Daphnia	汾河、沁河、桑干河、滹沱河、漳河

汾河的汾河二库下游、临汾段及支流浍河浮游动物密度和生物量较高。其中，汾河二库下游段主要以侠盗虫属、弹跳虫属、龟甲轮虫属为优势类群；临汾段的优势类群包括草履虫属、钟虫属、侠盗虫属、弹跳虫属；浍河采样河段由于位于小河口水库上游，水流流速较慢，适宜浮游动物生存，因此物种丰富，密度和生物量也较高，优势类群主要包括急游虫属、侠盗虫属、变形虫属、臂尾轮虫属等。沁河的张峰水库下游及阳城县段浮游动物密度及生物量高于其他河段。其中，张峰水库下游分布着大量的草履虫属、板壳虫属、侠盗虫属、弹跳虫属、变形虫属等；阳城县段以钟虫属、砂壳虫属为优势类群。桑干河的浮游动物平均密度和生物量除支流恢河较低外，其余河段均较高，优势类群均包括钟虫属、侠盗虫属、弹跳虫属；此外，桑干河中游分布着大量的枝角类和无节幼体。滹沱河的下茹越水库下游段浮游动物平均密度较高，分布较多的类群有钟虫属、弹跳虫属、臂尾轮虫属、三肢轮虫属、巨头轮虫属；支流牧马河的浮游动物密度极低，仅有少量的无节幼体。漳河流域的浮游动物物种数、密度及生物量均低于其他4个流域，优势类群包括侠盗虫属、钟虫属、砂壳虫属等，其中清漳河的密度及生物量低于浊漳河。

5.1 原生动物 Protozoa

5.1.1 草履虫属 Paramecium

分类地位： 纤毛纲 Ciliata　　全毛目 Holotricha　　草履虫科 Parameciidae。

形态特征： 体大，呈倒置草履形。前端钝圆，后端宽而略尖，断面圆或椭圆形。身体一侧有十分发达的斜凹的口沟，胞口明显，引入口腔摄食。口腔内右侧有1片口侧膜、2片纵长的波动咽膜和1片四分膜。身体表面包着一层膜，膜上纤毛均匀分布全身，表膜外质有呈放射状排列的刺丝泡。大核1个，卵形或肾形。体内伸缩泡通常2个，分布于身体前后，含辐射管。

生活习性： 主要分布在有机质丰富的中污性和多污性水体中。

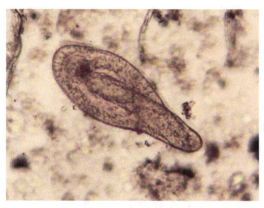 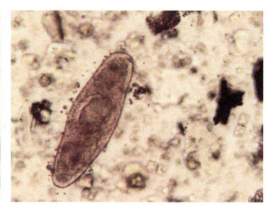

分布位置： 汾河、沁河、桑干河、滹沱河、漳河。

5.1.2 板壳虫属 *Coleps*

分类地位： 纤毛纲 Ciliata　　全毛目 Holotricha　　板壳科 Colepidae。

形态特征： 细胞呈桶形榴弹状。常有1至数根较长的尾毛。大核1个，圆形，位于体中部，小核1个，附着在大核上。身体稍后端有1个较大的伸缩泡。细胞外有纵横排列十分整齐的膜质板片。纤毛自板片间的孔道伸出体外并均匀分布全身。围口板片有尖角状突起，后端浑圆或有2至数个刺突。

生活习性： 主要生活在有机质丰富的淡水中，游泳速度快，素有"清道夫"之称。

分布位置： 汾河、沁河、桑干河。

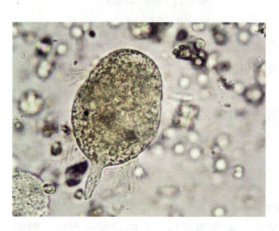

5.1.3 栉毛虫属 *Didinium*

分类地位： 纤毛纲 Ciliata
　　　　　　全毛目 Holotricha
　　　　　　栉毛虫科 Didiniidae。

形态特征： 体呈圆筒形，前端中央有一短的圆锥形吻突。体中部有大核1个，肾形或马蹄形。体后端中央有伸缩泡1个。胞口在吻突的顶端。胞咽有长的刺杆支撑。体纤毛退化，仅被1圈或数圈由排列整齐的梳状纤毛栉形成的纤毛环围绕。

生活习性： 主要分布于有机质丰富的淡水中，游泳速度快。肉食性种类，摄食草履虫等其他纤毛虫。

分布位置： 桑干河。

5.1.4 钟虫属 *Vorticella*

分类地位： 纤毛纲 Ciliata   缘毛目 Peritrichida   钟虫科 Vorticellidae。

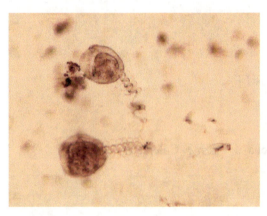
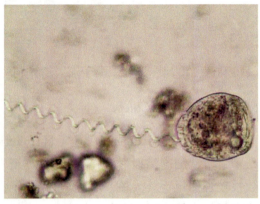

形态特征： 单体生活，体呈倒钟形。大核1个，马蹄形，小核粒状。伸缩泡1或2个。小膜口区的口缘往往向外扩张，形成围口唇。从反口面伸出的柄不分支，内有肌束，柄螺旋收缩。

生活习性： 多栖息于多污带、中污带的水生植物上，常大量附着生活，有时也固着生活。

分布位置： 汾河、沁河、桑干河、滹沱河、漳河。

5.1.5 累枝虫属 *Epistylis*

分类地位： 纤毛纲 Ciliata
　　　　　　缘毛目 Peritrichida
　　　　　　累枝虫科 Epistylidae。

形态特征： 营群体生活，柄无肌丝而不收缩。虫体与钟虫相似，前端有膨大的围口唇。

生活习性： 着生在各种水生动植物体上，个别种营浮游生活。

分布位置： 沁河。

5.1.6 急游虫属 *Strombidium*

分类地位： 纤毛纲 Ciliata   旋毛目 Stylonychia   急游科 Strombidiidae。

形态特征： 体呈卵圆形或球形。顶端有一突领，向腹面开口。小膜口缘区发达，顺时

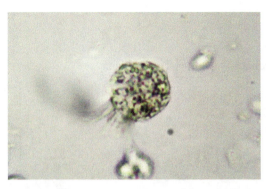
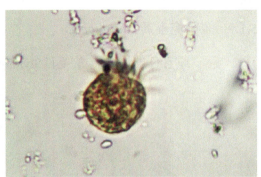

针旋转进入口腔内。虫体中部有刺丝泡带。大核卵形或带形。伸缩泡1个。体赤道线上有腰带样隆起。体纤毛完全退化。

生活习性：各种水体中均有分布。

分布位置：汾河流域、桑干河、滹沱河、漳河。

5.1.7 侠盗虫属 *Strobilidium*

分类地位：纤毛纲Ciliata　　旋毛目Stylonychia　　侠盗科Strobilidiidae。

形态特征：体呈倒圆锥形或梨形，体表有5～7列螺旋形条纹。围绕胞口的口区为1圈单层的长纤毛，身体其他部分无纤毛。后部细，末端平，常有一黏丝，借以着生，无胞咽。大核马蹄状，位于体前端。后部1/3处有伸缩泡1个。

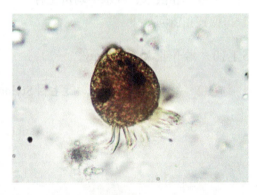

生活习性：在淡水、咸水中均可生存，常见于静止的淡水小池塘或越冬池中。

分布位置：汾河、沁河、桑干河、滹沱河、漳河。

5.1.8 弹跳虫属 *Hlateria*

分类地位：纤毛纲Ciliata　　旋毛目Stylonychia　　弹跳科Halteriidae。

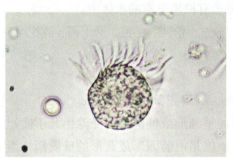

形态特征：体呈球形或宽梨形。前顶有发达的小膜口缘区，口缘的胞口右侧有一小膜，左侧有触毛。体中部有1周刚毛束，运动方式为跳跃。无正常的体纤毛。体中央有大核1个，卵形。伸缩泡1个。

生活习性：在淡水、咸水中均有分布。

分布位置：汾河、沁河、桑干河、滹沱河、漳河。

5.1.9 似铃壳虫属 *Tintinnopsis*

分类地位： 纤毛纲 Ciliata　　旋毛目 Stylonychia　　筒壳科 Tintinnidae。

 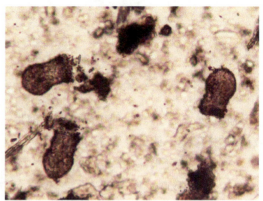

形态特征： 鞘呈筒形、杯形或碗形。有颈或无颈，鞘壁上沙粒紧密。末端封闭。体纤毛退化，表膜增厚，有壳。壳的沙粒细而紧密，往往有细的螺纹。
生活习性： 在淡水、咸水中均可生存。
分布位置： 漳河。

5.1.10 游仆虫属 *Euplotes*

分类地位： 纤毛纲 Ciliata　　旋毛目 Stylonychia　　游仆虫科 Euplotidae。

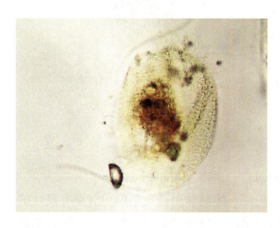

形态特征： 体多呈椭圆形至圆形，腹面略平，背面略突出并有纵脊。小膜口缘区十分发达，非常宽阔而明显，无波动膜。无侧缘纤毛，前棘毛6或7根，腹棘毛2或3根，肛棘毛5根，尾棘毛4根。大核1个，呈长带状，小核1个。伸缩泡后位。
生活习性： 在淡水、咸水中均有分布，常见于有机质丰富的水体中。
分布位置： 汾河、沁河、桑干河、滹沱河。

5.1.11 鳞壳虫属 *Euglypha*

分类地位： 肉足虫纲 Sarcodina　　网足目 Gromiida　　鳞壳科 Euglyphidae。
形态特征： 壳透明，一般呈卵形或长卵形，横切面呈圆形或椭圆形。壳除由几丁质组成的内层外，还有由自生质体构成的表层。自生质体是由椭圆形或圆形的硅质鳞片组成，鳞片的边缘互相衔接，由于每个鳞片常与周围的6个鳞片衔接，因而在壳的表面形成规则的六边形，整个壳表面全部被这些规则的鳞片叠瓦状地覆盖。壳口位于前端，圆形或卵圆形，周围的鳞片上通常有齿，和壳体上的鳞片形状略有不同，或有刺。丝状伪足，伸出壳外，有的分支并互相交织如网，后伪足收缩于壳内，不易观察。

生活习性：主要生活在淡水沉水植物或漂浮水生植物体表面，草食性。

分布位置：沁河。

5.1.12 变形虫属 *Ameoba*

分类地位：肉足虫纲 Sarcodina　　变形目 Amoebida　　变形科 Amoebidae。

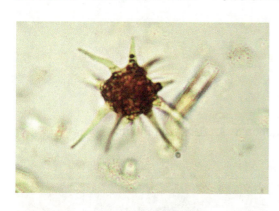

形态特征：体无定形，身体裸露无壳，体外包以质膜。常有1个囊状细胞核和1个伸缩泡。可同时形成多个伪足，但总有1个特别强壮而占优势的伪足。伪足内常可见明显的脊状延伸，顶部常有半球形透明帽状部分。伪足除具行动的功能外，还能摄食细菌、藻类和其他小型的原生动物，伪足把它们包围起来，形成食物泡，在虫体内消化。

生活习性：多数种类营底栖生活，是污染水体的指示物种，有的种类也可在洁净水体中营浮游生活。

分布位置：汾河、沁河、桑干河、滹沱河、漳河。

5.1.13 古纳氏虫属 *Naegleria*

分类地位：肉足虫纲 Sarcodina
　　　　　　变形目 Amoebida
　　　　　　简变科 Vahlkampfiidae。

形态特征：变形期与简变虫属十分相似，蛞蝓状，用透明的半球形的伪足爆破前

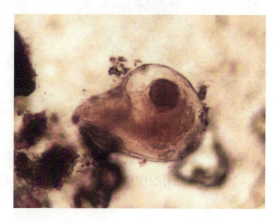

进。细胞核分裂为原有丝分裂。有短暂的鞭毛期，2根鞭毛等长，体卵形，无胞口。
生活习性： 在淡水、咸水中均有分布。
分布位置： 沁河下游。

5.1.14　刺胞虫属 *Acanthocystis*

分类地位： 肉足虫纲 Sarcodina　　太阳虫目 Actinophryida　　刺胞科 Acanthocystidae。

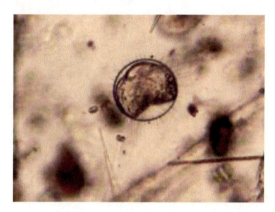

形态特征： 体球状或圆形。外包由正切排列的鳞片和辐射排列的骨刺组成。鳞片和骨刺都是硅质的，鳞片常排列成瓦覆状，像盔甲似的包围球状细胞，骨刺末端尖或分叉，外包没有黏液层。伪足细而长。核1个，卵形，位偏中心。中心体在细胞正中，轴足的轴丝由此伸出。
生活习性： 在淡水、咸水中均有分布。
分布位置： 汾河、桑干河。

5.2　轮虫　Rotifera

5.2.1　龟甲轮虫属 *Keratella*

分类地位： 轮虫纲 Rotaria　　单巢目 Monogononta　　游泳亚目 Ploima
　　　　　　臂尾轮虫科 Brachionidae。

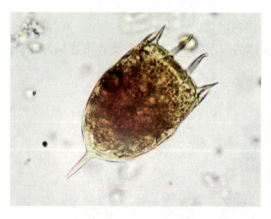
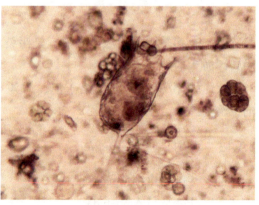

形态特征： 被甲显著隆起，上有线条纹，即龟纹，把表面有规则地隔成一定数目的小块，2个完全封闭的中龟板左右排列，腹甲扁平。被甲前具前棘刺6个，直或弯，后端

具棘刺1或2个，有长有短或无。无足。

生活习性：为典型的浮游种类，可生活于淡水、内陆盐水中。

分布位置：汾河、沁河、桑干河、滹沱河、漳河。

5.2.2　狭甲轮虫属 *Colurella*

分类地位：轮虫纲 Rotaria　　单巢目 Monogononta　　游泳亚目 Ploima
　　　　　　臂尾轮虫科 Brachionidae。

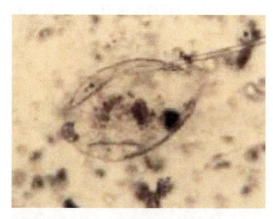 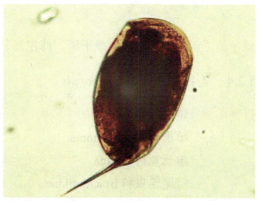

形态特征：体形较小，头部最前端具有能伸缩的钩状小甲片。被甲由左右两片侧甲片在背面愈合而成，腹面或多或少开裂，并具有显著的裂缝。左右甲片侧扁。侧面观被甲前端浑圆，或少许瘦削而倾向尖锐化，后端极少浑圆，大多数向后瘦削比较突出，最后形成一尖角。足3～4节。

生活习性：生活于半咸水、池塘中，生活方式以底栖为主，有一定的游泳能力。

分布位置：沁河、桑干河、滹沱河、漳河。

5.2.3　臂尾轮虫属 *Brachionus*

分类地位：轮虫纲 Rotaria　　单巢目 Monogononta　　游泳亚目 Ploima
　　　　　　臂尾轮虫科 Brachionidae。

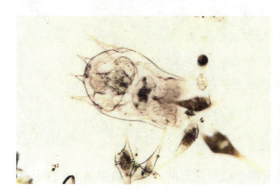 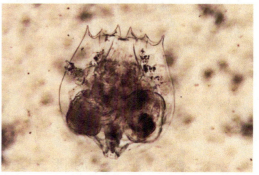

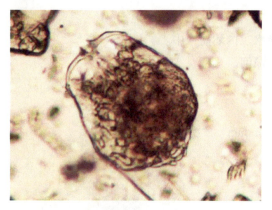

形态特征： 被甲宽阔透明，前端具4个长而发达的棘状突起，中间1对突起较两侧的两个大；后端有一具环状沟纹的长足，能自由弯曲。在周期性变异中其被甲后半部膨大之处可生出1对刺状侧突起。足不分节且长，其上具环纹，能伸缩摆动，趾1对。体表白色或淡棕色。

生活习性： 以浮游生活为主，是重要的饵料。

分布位置： 汾河、沁河、桑干河、滹沱河、漳河。

5.2.4 龟纹轮虫属 *Anuraeopsis*

分类地位： 轮虫纲 Rotaria
单巢目 Monogononta
游泳亚目 Ploima
臂尾轮虫科 Brachionidae。

形态特征： 被甲为增厚的几丁质，呈截锥形。身体背腹愈合，末端褶皱带有大型泡状卵，附在体末端。

生活习性： 常生活于淡水中。

分布位置： 桑干河。

5.2.5 单趾轮虫属 *Monostyla*

分类地位： 轮虫纲 Rotaria　　单巢目 Monogononta　　游泳亚目 Ploima
腔轮科 Lecanidae。

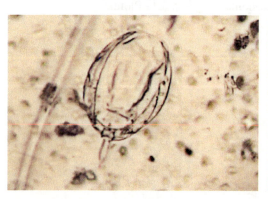
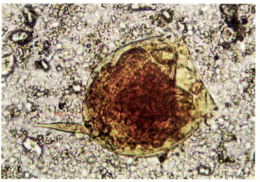

形态特征： 被甲轮廓一般呈卵圆形，也有接近圆形或长圆形的。整个被甲系1片背甲及

一片腹甲在两侧和后侧，由柔韧的薄膜联结在一起而形成。两侧和后端有侧沟及后侧沟存在。背腹面扁平。足很短，共分为2节，只有后面1节能动。单趾，趾比较长。

生活习性： 种类非常多，多营底栖生活。
分布位置： 汾河、沁河、桑干河、滹沱河、漳河。

5.2.6 腔轮虫属 *Lecane*

分类地位： 轮虫纲 Rotaria　　单巢目 Monogononta　　游泳亚目 Ploima
　　　　　　腔轮科 Lecanidae。

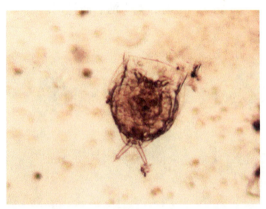
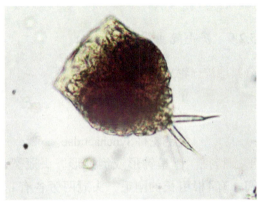

形态特征： 被甲轮廓一般呈卵圆形、圆形或长圆形。整个被甲系1片背甲及1片腹甲在两侧和后侧，由柔韧的薄膜联结在一起而形成。被甲前端开口宽而浅，侧缘突出呈角形或短棘，后端浑圆，或延伸呈突起。眼1个。背腹扁平。足很短，分成2节，只有后面1节能动。趾2个，较长。
生活习性： 营底栖生活，在活性污泥中也有，种类较多。
分布位置： 汾河、沁河、桑干河、滹沱河、漳河。

5.2.7 异尾轮虫属 *Trichocerca*

分类地位： 轮虫纲 Rotaria　　单巢目 Monogononta　　游泳亚目 Ploima
　　　　　　鼠轮科 Trichocercidae。

形态特征： 被甲为纵长的整片，呈圆柱形，稍弯而扭曲。背腹扁平或不扁平。头部无冠甲。有足，短。趾2个，针形，常不相等，左趾很长，相互扭在一起，右趾退化或极短，趾上常有1根或几根刚毛。
生活习性： 多营浮游生活。
分布位置： 汾河、沁河、桑干河、滹沱河。

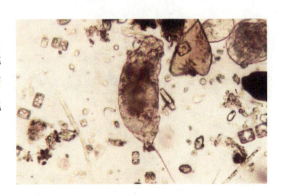

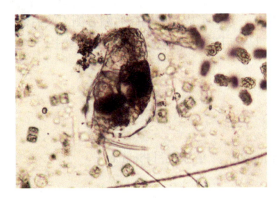

5.2.8 鬼轮虫属 *Trichotria*

分类地位： 轮虫纲 Rotaria
　　　　　　单巢目 Monogononta
　　　　　　鬼轮科 Trichotriidae。

形态特征： 被甲纵长，躯干呈柱形或卵形，没有刺存在。趾细长。

生活习性： 分布广，常生活于各类淡水中。

分布位置： 沁河、桑干河、滹沱河。

5.2.9 疣毛轮虫属 *Synchaeta*

分类地位： 轮虫纲 Rotaria
　　　　　　单巢目 Monogononta
　　　　　　游泳亚目 Ploima
　　　　　　疣毛轮科 Synchaetidae。

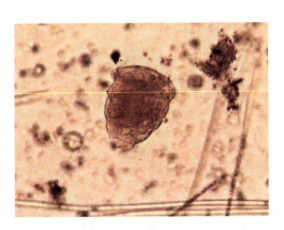

形态特征： 体呈钟形或倒锥形。头冠宽阔，有4根粗长的刚毛，头冠两旁各有1对耳状突起，耳上有特别发达的纤毛。侧触手1对。足在后端，不分节，粗短，趾短小，1对。有后肠和肛门。

生活习性： 为常见的浮游种类，盐幅和温幅极广，在淡水、咸水中均可繁殖。

分布位置： 桑干河、滹沱河。

5.2.10 多肢轮虫属 *Polyarthra*

分类地位： 轮虫纲 Rotaria　　单巢目 Monogononta　　游泳亚目 Ploima
　　　　　　疣毛轮科 Synchaetidae。

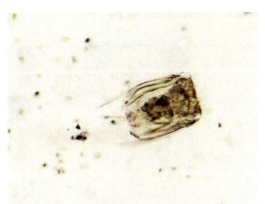
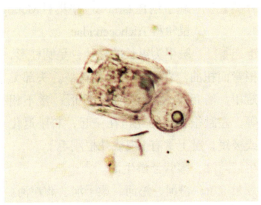

形态特征： 体较小，长方形或长圆形，透明。背部略扁平。有头和躯干部，头和躯干间有明显的折痕。无足部。体两旁有许多片状或针状的附属肢，一般为12个羽状刚毛，分4束，背腹各2束，每束3条，专为跳跃或浮游之用；也有些物种无附属肢。
生活习性： 极常见，为典型的浮游种类。
分布位置： 汾河、沁河、桑干河、滹沱河、漳河。

5.2.11 猪吻轮虫属 *Dicranophorus*

分类地位： 轮虫纲 Rotaria　单巢目 Monogononta　游泳亚目 Ploima
　　　　　猪吻轮科 Dicranophoridae。

形态特征： 身体纵长，呈纺锤形，皮层硬化部分形成被甲。有一显著的颈，连接头和躯干两部。头冠呈卵圆形而完全面向腹面，口即位于"卵圆"的中央，即在头冠的腹面。头冠两侧没有耳的存在，但各有1束长的耳状纤毛，作为游动工具。口缘布满同样长短的短纤毛。吻大而显著。一般皆有脑后囊。眼点如存在，总是1对，位于头部的最前端。

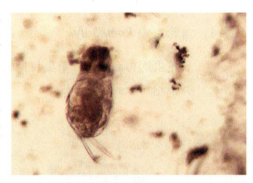

躯干后端向后尖削而形成一很小的倒圆锥形足。足末端具有1对长趾。
生活习性： 以底栖生活为主，也可游泳，能自由活动在水的上、中、下层。食肉性物种，常伸出钳形的咀嚼器攫取其他微型动物为食。
分布位置： 桑干河。

5.2.12 镜轮虫属 *Testudinalla*

分类地位： 轮虫纲 Rotaria
　　　　　单巢目 Monogononta
　　　　　簇轮亚目 Flosculariacea
　　　　　镜轮科 Testudinellidae。

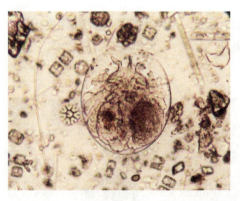

形态特征： 体呈圆形或卵圆形。被甲较坚硬，背、腹极扁。有足，长而圆筒形，不分节，末端无趾，足孔在腹面。有1圈自内射出的纤毛。
生活习性： 多营底栖生活。
分布位置： 汾河、沁河、桑干河、滹沱河。

5.2.13 三肢轮虫属 *Filinia*

分类地位： 轮虫纲 Rotaria　单巢目 Monogononta　簇轮亚目 Flosculariacea
　　　　　镜轮科 Testudinellidae。

形态特征： 体卵圆形，无被甲。角质层薄，透明，身体易弯曲，但固定或死亡后仍能保持一定的形状。下唇无突出物，前肢较长，约为体长的2倍或2倍以上。无足。体具3条长或短而能动的棘或刚毛，2条在前端，1条在后端。常与多肢轮虫同时出现。

生活习性： 营浮游生活。

分布位置： 汾河、沁河、桑干河、滹沱河、漳河。

5.2.14 泡轮虫属 *Pompholyx*

分类地位： 轮虫纲 Rotaria　单巢目 Monogononta　簇轮亚目 Flosculariacea　镜轮科 Testudinellidae。

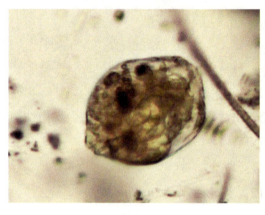
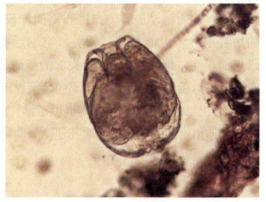

形态特征： 被甲卵圆形或盾形，薄而柔韧，透明。无足，身体无刺，也无针样突出物。背腹扁平，横切面有4个裂片，常有卵附在泄殖孔上。

生活习性： 营浮游生活。

分布位置： 汾河、沁河、桑干河、滹沱河、漳河。

5.2.15 柱头轮虫属 *Eosphora*

分类地位： 轮虫纲 Rotaria
　　　　　单巢目 Monogononta
　　　　　椎轮科 Notommatidae。

形态特征： 眼点1~3个，很明显。砧基后端正常，不会裂开。

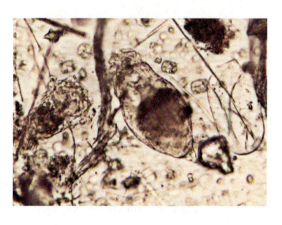

生活习性： 营浮游生活。
分布位置： 桑干河。

5.2.16　巨头轮虫属 *Cephalodella*

分类地位： 轮虫纲 Rotaria
　　　　　　单巢目 Monogononta
　　　　　　椎轮科 Notommatidae。

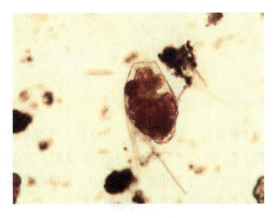

形态特征： 身体呈圆筒形、纺锤形或近似菱形。躯干部分通常由薄而柔韧光滑的皮甲所围裹。头和躯干之间有紧缩的颈圈，躯干和足之间的界限不十分明显。头冠除了1圈普通的围顶纤毛外，在两侧各有1束很密的而较长的纤毛。口周围很少具备纤毛，上下唇往往少许凸出而形成口喙。咀嚼器为典型的杖形，大多数左右对称，少数也有不对称的，有很发达的活塞存在。绝大多数种类没有脑后囊。足短而不分节，趾1对，一般细而较长。

生活习性： 除极少数营寄生生活外，大多数分布在淡水水体中，习惯于底栖生活。
分布位置： 汾河、沁河、桑干河、滹沱河、漳河。

5.3　枝角类 Cladocera

5.3.1　秀体溞属 *Diaphanosoma*

分类地位： 甲壳纲 Crustacea　　枝角目 Cladocera　　仙达溞科 Sididae。

形态特征： 壳薄而透明，或浅黄色。头大，额顶较平。无吻，复眼大，无单眼和壳弧，具颈沟。第1触角较短，能动，前端有1根长鞭毛和1簇嗅毛；第2触角强大。后背角显著，腹缘无褶片，具棘齿和许多细刺，有长刚毛10～17根。后腹部小，锥形，无肛刺，爪刺3个。

生活习性： 生活于湖泊、水库、池塘等静水中。
分布位置： 桑干河、滹沱河。

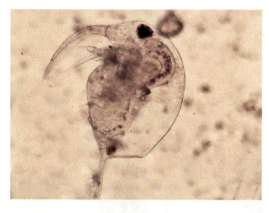

5.3.2 象鼻溞属 *Bosmina*

分类地位： 甲壳纲 Crustacea
　　　　　　枝角目 Cladocera
　　　　　　象鼻溞科 Bosminidae。

形态特征： 体形变化甚大，头部与躯干部之间无明显界限，无颈沟。头部背侧至壳瓣后背角几乎呈圆弧形。壳瓣后腹角延伸成一壳刺，其前方有1根刺毛，呈羽状。第1触角长，与吻愈合，尖突状，基部不愈合为一；第2触角短，外肢4节或3节，内肢3节。壳弧一般短小。肠管不盘曲，无盲囊。

生活习性： 主要生活在湖泊中，尤以富营养水体中数量多。

分布位置： 汾河支流文峪河。

5.4　桡足类 Copepods

5.4.1　剑水蚤科 Cyclopidae

分类地位： 甲壳纲 Crustacea　　剑水蚤目 Cyclopoidea。

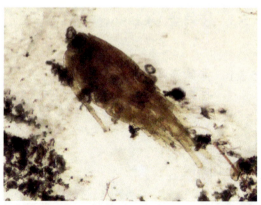

形态特征： 体呈卵圆形，前体部显著地较后体部宽，这两部分之间的活动关节位于第4、5胸节之间。头与第1胸节愈合。雌体腹部第1～2节愈合成生殖节。尾叉刚毛4根，一般居中的2根较长。雄性第1触角对称，与雌性异形，呈执握状；第2触角两性均单肢型，或具退化的外肢。第1～4胸足构造相似，第5胸足退化，很小，两性各胸足的构造几乎完全相同，雄性一般具第6胸足。生殖孔和卵囊常成对，卵产于卵囊中。无心脏。

生活习性： 在淡水、半咸水、海水中均可生活。

分布位置： 汾河、沁河、桑干河、滹沱河、漳河。

5.4.2 短角猛水蚤科 Cletodidae

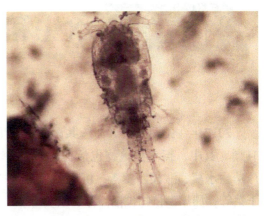

分类地位： 甲壳纲 Crustacea
　　　　　猛水蚤目 Harpacticoida。

形态特征： 体一般较细长。前、后部宽度相差不明显，两者之间如有活动关节则位于第4、5胸节之间。头节与第1胸节愈合。第1胸足与其他附肢常异形，内肢呈执握状；第5胸足退化，通常分为1~2节，两性异形。额部突出显著，第1触角一般不超过9~10节，雄性左右皆变为执握器；第2触角双肢型，大颚须小，两对小颚退化，颚足形成一执握肢，节数减少。雌性第1~2腹节部分或全部愈合成生殖节，雄性不愈合。多数种类带有1个卵囊，位于腹面，少数2个，位于两侧。无心脏。尾叉末端有2根发达的刚毛。

生活习性： 常在淡水、半咸水、海水的底层生活，在水草丛中及泥沙、苔藓植物缝隙的水体中也常见。

分布位置： 汾河、沁河、桑干河、滹沱河、漳河。

5.4.3 无节幼体 Nauplius

分类地位： 甲壳纲 Crustacea。

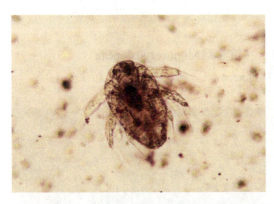
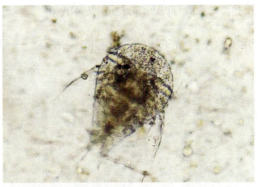

形态特征： 低等甲壳类孵化后最初的幼体，身体尚不分为头胸部和腹部，呈扁平椭圆形。在正中线前方有眼1个，其后方有口和消化管，左右具第1触角、第2触角和大颚共3对附肢。第2触角和大颚为双叉型，其原肢上均有朝向内方，即朝向口之突起，起到捕食和咀嚼的功能。附肢均由数个关节构成，具游泳刚毛。

生活习性： 各类水体中均有分布。

分布位置： 汾河、沁河、桑干河、滹沱河、漳河。

第6章 水生和岸带植物

2017年在山西省五大河流共调查到水生和岸带植物57种，分属2门4纲17目26科51属。其中，挺水型植物包括香蒲、小香蒲、长苞香蒲、藨草、扁穗莎草、野荸荠、芦苇、水蓼、酸模叶蓼等；沉水型植物包括菹草、篦齿眼子菜、竹叶眼子菜、穿叶眼子菜等；漂浮型植物包括浮萍、欧菱等。

山西省河流水生植物主要分布于河流两边的湿地、水库下游水流缓慢处及干支流交汇处。山西静乐汾河川国家湿地公园分布大量挺水及湿生植物，如小香蒲、芦苇、旋覆花等，汾河水库下游及支流潇河水生植物优势种为穿叶眼子菜、竹叶眼子菜等沉水型植物，支流浍河主要分布芦苇及香蒲等挺水型植物。沁河的张峰水库下游分布大量穿叶眼子菜和狐尾藻。桑干河的东榆林水库下游、册田水库下游及支流浑河分布穿叶眼子菜、香蒲、芦苇等水生植物。滹沱河代县段两岸分布大量蓼科类植物。漳河支流清漳河西源的水生植物以菹草为优势种，浊漳河西源河流两岸则分布大量芦苇。

6.1 单子叶植物纲 Monocotyledoneae

6.1.1 香蒲 *Typha orientalis* Presl.

分类地位： 被子植物门 Angiospermae　　单子叶植物纲 Monocotyledoneae
露兜树目 Pandanales　　香蒲科 Typhaceae　　香蒲属 *Typha*。

形态特征： 多年生水生或沼生草本。根状茎乳白色。地上茎粗壮，向上渐细，高1.3～2.0m。叶片条形，长40～70cm，宽0.4～0.9cm，光滑无毛，上部扁平，下部腹面微凹，背面逐渐隆起呈凸形，横切面呈半圆形，细胞间隙大，海绵状；叶鞘抱茎。雌雄花序紧密连接；雄花序长2.7~9.2cm，花序轴具白色弯曲柔毛，自基部向上具1~3枚叶状苞片，花后脱落；雌花序长4.5~15.2cm，基部具1枚叶状苞片，花后脱落；雄花通常由3枚雄蕊组成，有时2枚，或4枚雄蕊合生，花药长约3mm，2室，条形，花粉粒单体，花丝很短，基部合生成短柄；雌花无小苞片；孕性雌花柱头匙形，外弯，长0.5~0.8mm，花柱长1.2~2.0mm，子房纺锤形至披针形，子房柄细弱，长约2.5mm；不孕雌花子房长约1.2mm，近于圆锥形，先端呈圆形，不发育柱头宿存；白色丝状毛通常单生，有时几枚基部合生，稍长于花柱，短于柱头。小坚果椭圆形至长椭圆形；果皮具长形褐色斑点。种子褐色，微弯。花果期5~8月。

生活习性： 常生于湖泊、池塘、沟渠、沼泽及河流缓流带。

分布位置： 汾河、桑干河、滹沱河。

6.1.2　小香蒲 *Typha minima* Funk.

分类地位： 被子植物门 Angiospermae　　单子叶植物纲 Monocotyledoneae
　　　　　　　露兜树目 Pandanales　　香蒲科 Typhaceae　　香蒲属 *Typha*。

形态特征： 多年生沼生或水生草本。根状茎姜黄色或黄褐色，先端乳白色。地上茎直立，细弱，矮小，高16~65cm。叶通常基生，鞘状，无叶片，如叶片存在，长15~40cm，宽1~2mm，短于花葶，叶鞘边缘膜质，叶耳向上伸展，长0.5~1.0cm。雌雄花序远离，雄花序长3~8cm，花序轴无毛，基部具1枚叶状苞片，长4~6cm，宽4~6mm，花后脱落；雌花序长1.6~4.5cm，叶状苞片明显宽于叶片。

雄花无被，雄蕊通常1枚单生，有时2~3枚合生，基部具短柄，长约0.5mm，向下渐宽，花药长1.5mm，花粉粒成四合体，纹饰颗粒状；雌花具小苞片；孕性雌花柱头条形，长约0.5mm，花柱长约0.5mm，子房长0.8~1mm，纺锤形，子房柄长约4mm，纤细；不孕雌花子房长1.0~1.3mm，倒圆锥形；白色丝状毛先端膨大呈圆形，着生于子房柄基部，或向上延伸，与不孕雌花及小苞片近等长，均短于柱头。小坚果椭圆形，纵裂，果皮膜质。种子黄褐色，椭圆形。花果期5~8月。

生活习性： 生于池塘、水泡子、水沟边浅水处，也常见于一些水体干枯后的湿地及低洼处。

分布位置： 汾河、滹沱河。

6.1.3 长苞香蒲 *Typha domingensis* Pers.

分类地位： 被子植物门 Angiospermae　　单子叶植物纲 Monocotyledoneae　　露兜树目 Pandanales　　香蒲科 Typhaceae　　香蒲属 *Typha*。

形态特征： 多年生水生或沼生草本。根状茎粗壮，乳黄色，先端白色。地上茎直立，高0.7～2.5m，粗壮。叶片长40～150cm，宽0.3～0.8cm，上部扁平，中部以下背面逐渐隆起，下部横切面呈半圆形，细胞间隙大，海绵状；叶鞘很长，抱茎。雌雄花序远离；雄花序长7～30cm，花序轴具弯曲柔毛，先端齿裂或否，叶状苞片1～2枚，长约32cm，宽约8mm，与雄花先后脱落；雌花序位于下部，长4.7～23.0cm，叶状苞片比叶宽，花后脱落；雄花通常由3枚雄蕊组成，稀2枚，花药长1.2～1.5mm，矩圆形，花粉粒单体，球形、卵形或钝三角形，花丝细弱，下部合生成短柄；雌花具小苞片；孕性雌花柱头长0.8～1.5mm，宽条形至披针形，比花柱宽，花柱长0.5～1.5mm，子房披针形，长约1mm，子房柄细弱，长3～6mm；不孕雌花子房长1.0～1.5mm，近于倒圆锥形，具褐色斑点，先端呈凹形，不发育柱头陷于凹处；白色丝状毛极多数，生于子房柄基部，或向上延伸，短于柱头。小坚果纺锤形，长约1.2mm，纵裂，果皮具褐色斑点。种子黄褐色，长约1mm。花果期6～8月。

生活习性： 生于湖泊、河流、池塘浅水处，沼泽、沟渠处。

分布位置： 汾河、沁河。

6.1.4 浮萍 *Lemna minor* L.

分类地位： 被子植物门 Angiospermae　　单子叶植物纲 Monocotyledoneae　　天南星目 Arales　　浮萍科 Lemnaceae　　浮萍属 *Lemna*。

形态特征： 漂浮植物。叶状体对称，表面绿色，背面浅黄色或绿白色，或常为紫色，近圆形、倒卵形或倒卵状椭圆形，全缘，长1.5～5.0mm，宽2～3mm，上面稍凸起或沿中线隆起，叶脉3条，不明显，背面垂生丝状根1条，根白色，长3～4cm，根冠钝头，根鞘无翅。叶状体背面一侧具囊，新叶状体于囊内形成浮出，

以极短的细柄与母体相连，随后脱落。雌花具弯生胚珠1枚，果实无翅，近陀螺状，种子具凸出的胚乳和12～15条纵肋。

生活习性： 生于池沼、湖泊和静水中。

分布位置： 汾河、桑干河。

6.1.5　菹草 *Potamogeton crispus* L.

分类地位： 被子植物门 Angiospermae　　单子叶植物纲 Monocotyledoneae
　　　　　　沼生目 Helobiae　　眼子菜科 Potamogetonaceae　　眼子菜属 *Potamogeton*。

形态特征： 多年生沉水草本，具近圆柱形的根茎。茎稍扁，多分枝，近基部常匍匐于地面，于节处生出疏或稍密的须根。叶条形，无柄，长3～8cm，宽3～10mm，先端钝圆，基部约1mm与托叶合生，但不形成叶鞘，叶缘多少呈浅波状，具疏或稍密的细锯齿；叶脉3～5条，平行，顶端连接，中脉近基部两侧伴有通气组织形成的细纹，次级叶脉疏而明显可见；托叶薄膜质，长5～10mm，早落；休眠芽腋生，略似松果，长1～3cm，革质叶左右二列密生，基部扩张，肥厚，坚硬，边缘具细锯齿。穗状花序顶生，具花2～4轮，初时每轮2朵对生，穗轴伸长后常稍不对称；花序梗棒状，较茎细；花小，被片4，淡绿色，雌蕊4枚，基部合生。果实卵形，长约3.5mm，果喙长可达2mm，向后稍弯曲，背脊约1/2以下具齿牙。花果期4～7月。

生活习性： 生于池塘、水沟、水稻田、灌渠及缓流河水中。可作为草食性鱼类的良好天然饵料。

分布位置： 汾河支流文峪河、沁河、桑干河、滹沱河下游及支流绵河、漳河。

6.1.6　篦齿眼子菜 *Potamogeton pectinatus* L.

分类地位： 被子植物门 Angiospermae　　单子叶植物纲 Monocotyledoneae
　　　　　　沼生目 Helobiae　　眼子菜科 Potamogetonaceae　　眼子菜属 *Potamogeton*。

形态特征： 沉水草本。根茎发达，白色，直径1～2mm，具分枝，常于春末夏初至秋季之间在根茎及其分枝的顶端形成长0.7～1.0cm的小块茎状的卵形休眠芽体。茎长50～200cm，近圆柱形，纤细，直径0.5～1.0mm，下部分枝稀疏，上部分枝稍密集。叶线形，长2～10cm，宽0.3～1.0mm，先端渐尖或急尖，基部与托叶贴生成鞘；鞘长1～4cm，绿色，边缘叠压而抱茎，顶端具长4～8mm的无色膜质小舌片；叶脉3条，平行，顶端连接，中脉显著，有与之近于垂直的次级叶脉，边缘脉细弱而不明显。穗状花序顶生，具花4～7轮，间断排列；花序梗细长，与茎近等粗；花被片4，圆形或宽卵形，直径约1mm；雌蕊4枚，通常仅1～2枚可发育为成熟果实。果实倒卵形，长3.5～5mm，宽2.2～3mm，顶端斜生长约0.3mm的喙，背部钝圆。花果期5～10月。

生活习性： 生于河沟、水渠、池塘等各类水体中，水体多呈微酸性或中性。全草可入药，性凉味微苦，有清热解毒的功效，可用于治疗肺炎、疮疖。

分布位置： 汾河、沁河、滹沱河中下游、漳河支流清漳河。

6.1.7　竹叶眼子菜 *Potamogeton wrightii* Morong

分类地位： 被子植物门 Angiospermae　　单子叶植物纲 Monocotyledoneae

　　　　　　沼生目 Helobiae　　眼子菜科 Potamogetonaceae　　眼子菜属 *Potamogeton*。

形态特征： 多年生沉水草本。根茎发达，白色，节处生有须根。茎圆柱形，直径约2mm，不分枝或具少数分枝，节间长可达10余厘米。叶条形或条状披针形，具长柄，稀短于2cm；叶片长5～19cm，宽1.0～2.5cm，先端钝圆而具小凸尖，基部钝圆或楔形，边缘浅波状，有细微的锯齿；中脉显著，基部至中部发出6至多条与之平行并在顶端连接的次级叶脉，三级叶脉清晰可见；托叶大而明显，近膜质，无色或淡绿色，与叶片离生，鞘状抱茎，长2.5～5.0cm。穗状花序顶生，具花多轮，密集或稍密集；花序梗膨大，稍粗于茎，长4～7cm；花小，被片4，绿色；雌蕊4枚，离生。果实倒卵形，长约3mm，两侧稍扁，背部明显3脊，中脊狭翅状，侧脊锐。花果期6～10月。

生活习性： 生于灌渠、池塘、河流等静水、流水水体中。可作为草食性鱼类的良好天然饵料，可用于水景布置，供观赏。

分布位置： 汾河支流潇河、沁河上游、桑干河上游。

6.1.8 穿叶眼子菜 *Potamogeton perfoliatus* L.

分类地位： 被子植物门 Angiospermae　　单子叶植物纲 Monocotyledoneae

沼生目 Helobiae　　眼子菜科 Potamogetonaceae　　眼子菜属 *Potamogeton*。

形态特征： 多年生沉水草本。具发达的根茎，白色，节处生有须根。茎圆柱形，直径0.5～2.5mm，上部多分枝。叶卵形、卵状披针形或卵状圆形，无柄，先端钝圆，基部心形，呈耳状抱茎，边缘波状，常具极细微的齿；基出3脉或5脉，弧形，顶端连接，次级脉细弱；托叶膜质，无色，长3～7mm，早落。穗状花序顶生，具花4～7轮，密集或稍密集；花序梗与茎近等粗，长2～4cm；花小，被片4，淡绿色或绿色；雌蕊4枚，离生。果实倒卵形，长3～5mm，顶端具短喙，背部3脊，中脊稍锐，侧脊不明显。花果期5～10月。

生活习性： 生于湖泊、池塘、灌渠、河流等水体中。

分布位置： 汾河上游及支流文峪河、沁河中下游、桑干河上游。

6.1.9　藨草 *Scirpus triqueter* L.

分类地位： 被子植物门 Angiospermae　　单子叶植物纲 Monocotyledoneae　　莎草目 Cyperales　　莎草科 Cyperaceae　　藨草属 *Scirpus*。

形态特征： 匍匐根状茎长，直径1～5mm，干时呈红棕色。秆散生，粗壮，高20～90cm，三棱形，基部具2～3个鞘，鞘膜质，横脉明显隆起，最上1个鞘顶端具叶片。叶片扁平，长1.3～5.5(8.0)cm，宽1.5～2.0mm。苞片1枚，为秆的延长，三棱形，长1.5～7.0cm。简单长侧枝聚伞花序假侧生，有1～8个辐射枝；辐射枝三棱形，棱上粗糙，长可达5cm，每辐射枝顶端有1～8个簇生的小穗；小穗卵形或长圆形，长6～12(14)mm，宽3～7mm，密生许多花；鳞片长圆形、椭圆形或宽卵形，顶端微凹或圆形，长3～4mm，膜质，黄棕色，背面具1条中肋，稍延伸出顶端呈短尖，边缘疏生缘毛；下位刚毛3～5条，几等长或稍长于小坚果，全长都生有倒刺；雄蕊3，花药线形，药隔暗褐色，稍突出；花柱短，柱头2，细长。小坚果倒卵形，平凸状，长2～3mm，成熟时褐色，具光泽。花果期6～9月。

生活习性： 生于水沟、池塘、山溪边或沼泽地。可用于水面绿化或岸边、池旁点缀水景，作观赏用。全草入药，主治食积气滞等症。

分布位置： 汾河、桑干河、滹沱河、漳河。

6.1.10　荆三棱 *Scirpus yagara* Ohwi

分类地位： 被子植物门 Angiospermae　　单子叶植物纲 Monocotyledoneae　　莎草目 Cyperales　　莎草科 Cyperaceae　　藨草属 *Scirpus*。

形态特征： 根状茎粗而长，呈匍匐状，顶端生球状块茎，常从块茎又生匍匐根状茎。秆高大粗壮，高70～150cm，锐三棱形，平滑，基部膨大，具秆生叶。叶扁平，线形，宽5～10mm，稍坚挺，上部叶片边缘粗糙，叶鞘很长，最长可达20cm。叶状苞片

3~4枚，通常长于花序；长侧枝聚伞花序简单，具3~8个辐射枝，辐射枝最长达7cm；每辐射枝具1~3（4）小穗；小穗卵形或长圆形，锈褐色，长1~2cm，宽5~8（10）mm，具多数花；鳞片密覆瓦状排列，膜盾，长圆形，长约7mm，外面被短柔毛，有1条中肋，顶端具芒，芒长2~3mm；下位刚毛6条，几与小坚果等长，上有倒刺；雄蕊3，花药线形，长约4mm；花柱细长，柱头3。小坚果倒卵形，三棱形，黄白色。花期5~7月。

生活习性： 生长于水边湿地或浅水中。块茎药用，有破瘀血、消积止痛等功效。

分布位置： 滹沱河。

6.1.11　头状穗莎草 *Cyperus glomeratus* L.

分类地位： 被子植物门 Angiospermae　　单子叶植物纲 Monocotyledoneae
　　　　　　莎草目 Cyperales　　莎草科 Cyperaceae　　莎草属 *Cyperus*。

形态特征： 一年生草本，具须根。秆散生，粗壮，高50~95cm，钝三棱形，平滑，基部稍膨大，具少数叶。叶短于秆，宽4~8mm，边缘不粗糙；叶鞘长，红棕色。叶状苞片3~4枚，较花序长，边缘粗糙；复出长侧枝聚伞花序具3~8个辐射枝，辐射枝长短不等，最长达12cm；穗状花序无总花梗，近于圆形、椭圆形或长圆形，长1~3cm，宽6~17mm，具极多数小穗；小穗多列，排列极密，线状披针形或线形，稍扁平，长5~10mm，宽1.5~2.0mm，具8~16朵花；小穗轴具白色透明的翅；鳞片排列疏松，膜质，近长圆形，顶端钝，长约2mm，棕红色，背面无龙骨状突起，脉极不明显，边缘内卷；雄蕊3，花药短，长圆形，暗血红色，药隔突出于花药顶端；花柱长，柱头3，较短。小坚果长圆形，三棱形，长为鳞片的1/2，灰色，具明显的网纹。花果期6~10月。

生活习性： 多生长于水边沙土上或路旁阴湿的草丛中。

分布位置： 沁河、滹沱河、漳河。

6.1.12　扁穗莎草 Cyperus compressus L.

分类地位： 被子植物门 Angiospermae　　单子叶植物纲 Monocotyledoneae
　　　　　　莎草目 Cyperales　　莎草科 Cyperaceae　　莎草属 Cyperus。

形态特征： 丛生草本；根为须根。秆稍纤细，高5～25cm，锐三棱形，基部具较多叶。叶短于秆，或与秆几等长，宽1.5～3.0mm，折合或平张，灰绿色；叶鞘紫褐色。苞片3～5枚，叶状，长于花序；长侧枝聚伞花序简单，具（1）2～7个辐射枝，辐射枝最长达5cm；穗状花序近于头状；花序轴很短，具3～10个小穗；小穗排列紧密，斜展，线状披针形，长8～17mm，宽约4mm，近于四棱形，具8～20朵花；鳞片紧贴地覆瓦状排列，稍厚，卵形，顶端具稍长的芒，长约3mm，背面具龙骨状突起，中间较宽部分为绿色，两侧苍白色或麦秆色，有时有锈色斑纹，脉9～13条；雄蕊3，花药线形，药隔突出于花药顶端；花柱长，柱头3，较短。小坚果倒卵形，三棱形，侧面凹陷，长约为鳞片的1/3，深棕色，表面具密的细点。花果期7～12月。

生活习性： 多生长于空旷的田野湿地。

分布位置： 汾河、沁河、滹沱河、漳河。

6.1.13　野荸荠 Heleocharis plantagineiformis Tang et Wang

分类地位： 被子植物门 Angiospermae　　单子叶植物纲 Monocotyledoneae
　　　　　　莎草目 Cyperales　　莎草科 Cyperaceae　　荸荠属 Heleocharis。

形态特征： 多年湿生草本。有长的匍匐根状茎。秆多数，丛生，直立，圆柱状，高30～100cm，直径4～7mm，灰绿色，中有横隔膜，干后秆的表面现有节。叶缺如，只在秆的基部有2～3个叶鞘；鞘膜质，紫红色、微红色、褐色或麦秆黄色，光滑，无毛，鞘口斜，顶端急尖，高7～26cm。小穗圆柱状，长1.5～4.5cm，直径4～5mm，微绿

色，顶端钝，有多数花；在小穗基部多半有2片、少有1片不育鳞片，各抱小穗基部一周，其余鳞片全有花，紧密地覆瓦状排列，宽长圆形，顶端圆形，长5mm，宽大致相同，苍白微绿色，有稠密的红棕色细点，中脉1条，里面比外面明显；下位刚毛7~8条，较小坚果长，有倒刺；柱头3；小坚果宽倒卵形，扁双凸状，长2.0~2.5mm，宽约1.7mm，黄色，平滑，表面细胞呈四边形至六边形，顶端不缢缩；花柱基从宽的基部向上渐狭而呈等边三角形，扁，不为海绵质。

生活习性：喜生于池沼和水田中。
分布位置：汾河。

6.1.14　薹草 *Carex* sp.

分类地位：被子植物门 Angiospermae　　单子叶植物纲 Monocotyledoneae
　　　　　　莎草目 Cyperales　　莎草科 Cyperaceae　　薹草属 *Carex*。

形态特征：多年生草本，具地下根状茎。秆丛生或散生，中生或侧生，直立，三棱形，基部常具无叶片的鞘。叶基生或兼具秆生叶，平张，少数边缘卷曲，条形或线形，少数为披针形，基部通常具鞘。苞片叶状，少数鳞片状或刚毛状，具苞鞘或无苞鞘。花单性，由1朵雌花或1朵雄花组成1个支小穗，雌性支小穗外面包以边缘完全合生的先出叶，即果囊，果囊内有的具退化小穗轴，基部具1枚鳞片；小穗由

多数支小穗组成，单性或两性，两性小穗雄雌顺序或雌雄顺序，通常雌雄同株，少数雌雄异株，具柄或无柄，小穗柄基部具枝先出叶或无，鞘状或囊状，小穗1至多数，单一顶生或多数时排列成穗状、总状或圆锥花序；雄花具3枚雄蕊，少数2枚，花丝分离；雌花具1枚雌蕊，花柱稍细长，有时基部增粗，柱头2~3个；果囊三棱形、平凸状或双凸状，具或长或短的喙。小坚果较紧或较松地包于果囊内，三棱形或平凸状。

生活习性： 多数生长在泥泞、酸质的草地上。

分布位置： 漳河。

6.1.15 芦苇 *Phragmites australis* (Cav.) Trin. ex Steud.

分类地位： 被子植物门 Angiospermae　　单子叶植物纲 Monocotyledoneae
　　　　　　禾本目 Graminales　　禾本科 Gramineae　　芦苇属 *Phragmites*。

形态特征： 多年生，根状茎十分发达。秆直立，高1~3（8）m，直径1~4cm，具20多节，基部和上部的节间较短，最长节间位于下部第4~6节，长20~25（40）cm，节下被蜡粉。叶鞘下部短于上部，长于其节间；叶舌边缘密生1圈长约1mm的短纤毛，两侧缘毛长3~5mm，易脱落；叶片披针状线形，长30cm，宽2cm，无毛，顶端长渐尖呈丝形。圆锥花序大型，长20~40cm，宽约10cm，分枝多数，长5~20cm，着生稠密下垂的小穗；小穗柄长2~4mm，无毛；小穗长约12mm，含4花；颖具3脉，第1颖长4mm；第2颖长约7mm；第1不孕外稃雄性，长约12mm，第2外稃长11mm，具3脉，顶端长渐尖，基盘延长，两侧密生等长于外稃的丝状柔毛，与无毛的小穗轴相连接处具明显关节，成熟后易自关节上脱落；内稃长约3mm，两脊粗糙；雄蕊3，花药长1.5~2.0mm，黄色；颖果长约1.5mm。

生活习性： 生于江河湖泽、池塘沟渠沿岸和低湿地。为全球广泛分布的多型种，在各种有水源的空旷地带，常以其迅速扩展的繁殖能力，形成连片的芦苇群落。

分布位置： 汾河、沁河、桑干河、滹沱河、漳河。

6.1.16 假苇拂子茅 *Calamagrostis peudophragmites* (Hall. F.) Koel.

分类地位： 被子植物门 Angiospermae　　单子叶植物纲 Monocotyledoneae
　　　　　　 禾本目 Graminales　　禾本科 Gramineae　　拂子茅属 *Calamagrostis*。

形态特征： 多年生草本。具根状茎。秆直立，平滑无毛或花序下稍粗糙，高45～100cm，直径2～3mm。叶鞘平滑或稍粗糙；叶舌膜质，长5～9mm，长圆形，先端易破裂；叶片长15～27cm，宽4～8（13）mm，扁平或边缘内卷，上面及边缘粗糙，下面较平滑。圆锥花序紧密，圆筒形，劲直，具间断，长10～25（30）cm，中部径1.5～4.0cm，分枝粗糙，直立或斜向上升；小穗长5～7mm，淡绿色或带淡紫色；两颖近等长或第2颖微短，先端渐尖，具1脉，第2颖具3脉，主脉粗糙；外稃透明膜质，长约为颖长之半，顶端具2齿，基盘的柔毛几与颖等长，芒自稃体背中部附近伸出，细直，长2～3mm；内稃长约为外稃的2/3，顶端细齿裂；小穗轴不延伸于内稃之后，或有时仅于内稃的基部残留1微小的痕迹；雄蕊3，花药黄色，长约1.5mm。花果期5～9月。
生活习性： 生于潮湿地和河岸沟渠旁，其根茎顽强，抗盐碱土壤，又耐强湿，是固定泥沙、保护河岸的良好材料。
分布位置： 汾河、沁河、滹沱河、漳河。

6.1.17 荻 *Triarrhena sacchariflora* (Maxim.) Nakai

分类地位： 被子植物门 Angiospermae　　单子叶植物纲 Monocotyledoneae
　　　　　　 禾本目 Graminales　　禾本科 Gramineae　　荻属 *Triarrhena*。

形态特征：多年生草本，具发达被鳞片的长匍匐根状茎，节处生有粗根与幼芽。秆直立，高1.0～1.5m，直径约5mm，具10余节，节生柔毛。叶鞘无毛。叶舌短，长0.5～1.0mm，具纤毛；叶片扁平，宽线形，长20～50cm，宽5～18mm，除上面基部密生柔毛外，两面无毛，边缘锯齿状粗糙，基部常收缩成柄，顶端长渐尖，中脉白色，粗壮。圆锥花序疏展呈伞房状，长10～20cm，宽约10cm；主轴无毛，具10～20枚较细弱的分枝，腋间生柔毛，直立而后开展；总状花序轴节间长4～8mm，或具短柔毛；小穗柄顶端稍膨大，基部腋间常生有柔毛，短柄长1～2mm，长柄长3～5mm；小穗线状披针形，长5.0～5.5mm，成熟后带褐色，基盘具长为小穗2倍的丝状柔毛；第1颖两脊间具1脉或无脉，顶端膜质长渐尖，边缘和背部具长柔毛；第2颖与第1颖近等长，顶端渐尖，与边缘皆为膜质，并具纤毛，有3脉，背部无毛或有少数长柔毛；第1外稃稍短于颖，先端尖，具纤毛；第2外稃狭窄披针形，短于颖片的1/4，顶端尖，具小纤毛，无脉或具1脉，稀有1芒状尖头；第2内稃长约为外稃之半，具纤毛，雄蕊3枚，花药长约2.5mm；柱头紫黑色，自小穗中部以下的两侧伸出。颖果长圆形，长1.5mm。花果期8～10月。

生活习性：多生于河边湿地和山坡草地。为重要的野生牧草，可编帘、席及做造纸原料等，也可作为防沙、护堤植物。

分布位置：汾河、沁河、漳河。

6.1.18 白羊草 *Bothriochloa ischaemum* (L.) Keng

分类地位：被子植物门 Angiospermae　　单子叶植物纲 Monocotyledoneae
　　　　　　禾本目 Graminales　　禾本科 Gramineae　　孔颖草属 *Bothriochloa*。

形态特征：多年生草本。秆丛生，直立或基部倾斜，高25～70cm，直径1～2mm，具3至多节，节上无毛或具白色髯毛；叶鞘无毛，多密集于基部而相互跨覆，常短于节间；叶舌膜质，长约1mm，具纤毛；叶片线形，长5～16cm，宽2～3mm，顶生者常缩短，先端渐尖，基部圆形，两面疏生疣基柔毛或下面无毛。总状花序4至多数，着生于秆顶，呈指状，长3～7cm，纤细，灰绿色或带紫褐色，总状花序轴节间与小穗柄两侧具白色丝状毛；无柄小穗长圆状披针形，长4～5mm，基盘具髯毛；第1颖草质，背部中央略下凹，具5～7脉，下部1/3具丝状柔毛，边缘内卷成2脊，脊上粗糙，先端钝或带膜质；第2颖舟形，中部以上具纤毛；脊上粗糙，边缘亦膜质；第1外稃长圆状披针形，长约3mm，先端尖，边缘上部疏生纤毛；第2外稃退化呈线形，先端延伸成一膝曲扭转的芒，芒长10～15mm；第1内稃长圆状披针形，长约0.5mm；第2内稃退化；鳞被2，楔形；雄蕊3枚，长约2mm。有柄小穗雄性；第1颖背部无毛，具9脉；第2颖具5脉，背部扁平，两侧内折，边缘具纤毛。花果期秋季。

生活习性： 生于山坡草地和荒地，适应性强，分布遍及全国。

分布位置： 汾河、沁河。

6.1.19　稗 *Echinochloa crus-galli* (L.) Beauv.

分类地位： 被子植物门 Angiospermae　单子叶植物纲 Monocotyledoneae
　　　　　　禾本目 Graminales　禾本科 Gramineae　稗属 *Echinochloa*。

形态特征： 一年生草本。秆高50～150cm，光滑无毛，基部倾斜或膝曲。叶鞘疏松裹秆，平滑无毛，下部者长于节间，上部者短于节间；叶舌缺；叶片扁平，线形，长10～40cm，宽5～20mm，无毛，边缘粗糙。圆锥花序直立，近尖塔形，长6～20cm；主轴具棱，粗糙或具疣基长刺毛；分枝斜上举或贴向主轴，有时再分小枝；穗轴粗糙或生疣基长刺毛；小穗卵形，长3～4mm，脉上密被疣基刺毛，具短柄或近无柄，密集在穗轴的一侧；第1颖三角形，长为小穗的1/3～1/2，具3～5脉，脉上具疣基毛，基部包卷小穗，先端尖；第2颖与小穗等长，先端渐尖或具小尖头，具5脉，脉上具疣基毛；第1小花通常中性，其外稃草质，上部 具7脉，脉上具疣基刺毛，顶端延伸成一粗壮的芒，芒长0.5～1.5（3）cm，内稃薄膜质，狭窄，具2脊；第2外稃椭圆形，平滑，光亮，成熟后变硬，顶端具小尖头，尖头上有1圈细毛，边缘内卷，包着同质的内稃，但内稃顶端露出。花果期夏秋季。

生活习性： 生于稻田、沼泽或水湿处，为水稻田中杂草之一。是优良野生饲料，也可酿酒。

分布位置： 汾河。

6.1.20　狗尾草 *Setaria viridis* (L.) Beauv.

分类地位： 被子植物门 Angiospermae　单子叶植物纲 Monocotyledoneae
　　　　　　禾本目 Graminales　禾本科 Gramineae　狗尾草属 *Setaria*。

形态特征： 一年生草本。根为须状，高大植株具支持根。秆直立或基部膝曲，高10～100cm，基部径达3～7mm。叶鞘松弛，无毛或疏具柔毛或疣毛，边缘具较长的密绵毛状纤毛；叶舌极短，缘有长1～2mm的纤毛；叶片扁平，长三角状狭披针形或线状披针形，先端长渐尖或渐尖，基部钝圆形，几呈截状或渐窄，长4～30cm，宽2～18mm，通常无毛或疏被疣毛，边缘粗糙。圆锥花序紧密呈圆柱状或基部稍疏离，直立或稍弯垂，主轴被较长柔毛，长2～15cm，宽4～13mm（除刚毛外），刚毛长4～12mm，粗糙或微粗糙，直或稍扭曲，通常绿色或褐黄色至紫红或紫色；小穗2～5个簇生于主轴上或更多的小穗着生在短小枝上，椭圆形，先端钝，长2.0～2.5mm，浅绿色；第1颖卵形、宽卵形，长约为小穗的1/3，先端钝或稍尖，具3脉；第2颖几与小穗等长，椭圆形，具5～7脉；第1外稃与小穗等长，具5～7脉，先端钝，其内稃短小狭窄；第2外稃椭圆形，顶端钝，具细点状皱纹，边缘内卷，狭窄；鳞被楔形，顶端微凹；花柱基分离；叶上下表皮脉间均为微波纹或无波纹的、壁较薄的长细胞。花果期5～10月。

生活习性： 适应性强，耐旱耐贫瘠，在酸性或碱性土壤均可生长。常生于农田、路边、荒地。

分布位置： 汾河、沁河、桑干河、滹沱河、漳河。

6.1.21　虎尾草 *Chloris virgata* Sw.

分类地位： 被子植物门 Angiospermae　　单子叶植物纲 Monocotyledoneae
　　　　　　禾本目 Graminales　　禾本科 Gramineae　　虎尾草属 *Chloris*。

形态特征： 一年生草本。秆直立或基部膝曲，高12～75cm，径1～4mm，光滑无毛。叶鞘背部具脊，包卷松弛，无毛；叶舌长约1mm，无毛或具纤毛；叶片线形，长3～25cm，宽3～6mm，两面无毛或边缘及上面粗糙。穗状花序5～10余枚，长1.5～5.0cm，指状着生于秆顶，常直立而并拢呈毛刷状，有时包藏于顶叶的膨胀叶鞘中，成熟时常带紫色；小穗无柄，长约3mm；颖膜质，1脉；第1颖长约1.8mm，第

2颖等长或略短于小穗，中脉延伸成长0.5～1.0mm的小尖头；第1小花两性，外稃纸质，两侧压扁，呈倒卵状披针形，长2.8～3.0mm，3脉，沿脉及边缘被疏柔毛或无毛，两侧边缘上部1/3处有长2～3mm的白色柔毛，顶端尖或有时具2微齿，芒自背部顶端稍下方伸出，长5～15mm；内稃膜质，略短于外稃，具2脊，脊上被微毛；基盘具长约0.5mm的毛；第2小花不孕，长楔形，仅存外稃，长约1.5mm，顶端截平或略凹，芒长4～8mm，自背部边缘稍下方伸出。颖果纺锤形，淡黄色，光滑无毛而半透明，胚长约为颖果的2/3。花果期6～10月。

生活习性： 适应性极强，耐干旱，喜湿润，不耐淹。

分布位置： 汾河、沁河、桑干河、滹沱河、漳河。

6.1.22 狼尾草 *Pennisetum alopecuroides* (L.) Spreng.

分类地位： 被子植物门 Angiospermae　　单子叶植物纲 Monocotyledoneae
　　　　　　禾本目 Graminales　　禾本科 Gramineae　　狼尾草属 *Pennisetum*。

形态特征： 多年生草本。须根较粗壮。秆直立，丛生，高30～120cm，在花序下密生柔毛。叶鞘光滑，两侧压扁，主脉呈脊，在基部者跨生状，秆上部者长于节间；叶舌具长约2.5mm纤毛；叶片线形，长10～80cm，宽3～8mm，先端长渐尖，基部生疣毛。圆锥花序直立，长5～25cm，宽1.5～3.5cm；主轴密生柔毛；总梗长2～3（5）mm；刚毛粗糙，淡绿色或紫色，长1.5～3.0cm；小穗通常单生，偶有双生，线状披针形，长5～8mm；第1颖微小或缺，长1～3mm，膜质，先端钝，脉不明显或具1脉；第2颖卵状披针形，先端短尖，具3～5脉，长约为小穗1/3～2/3；第1小花中性，第1外稃与小穗等长，具7～11脉；第2外稃与小穗等长，披针形，具5～7脉，边缘包着同质的内稃；鳞被2，楔形；雄蕊3，花药顶端无毫毛；花柱基部联合。颖果长圆形，长约3.5mm。叶片表皮细胞结构为上下表皮不同；上表皮脉间细胞2～4行为长筒状、有波纹、壁薄的长细胞；下表皮脉间5～9行为长筒形、壁厚、有波纹长细胞与短细胞交叉排列。花果期夏秋季。

生活习性： 喜光照充足的生长环境，耐旱、耐湿，且抗寒性强。

分布位置： 汾河、沁河、桑干河、滹沱河、漳河。

6.2 双子叶植物纲 Dicotyledoneae

6.2.1 欧菱 *Trapa natans* L.

分类地位： 被子植物门 Angiospermae　　双子叶植物纲 Dicotyledoneae
　　　　　　桃金娘目 Myrtiflorae　　菱科 Trapaceae　　菱属 *Trapa*。

形态特征： 一年生浮水水生草本。根二型：着泥根细铁丝状，着生水底水中；同化根羽状细裂，裂片丝状。茎柔弱分枝。叶二型：浮水叶互生，聚生于主茎或分枝茎的顶端，呈旋叠状镶嵌排列在水面成莲座状的菱盘，叶片菱圆形或三角状菱圆形，长3.5～4.0cm，宽4.2～5.0cm，表面深亮绿色，无毛，背面灰褐色或绿色，主侧脉在背面稍突起，密被淡灰色或棕褐色短毛，脉间有棕色斑块，叶边缘中上部具不整齐的圆凹齿或锯齿，边缘中下部全缘，基部楔形或近圆形，叶柄中上部膨大不明显，长5～17cm，被棕色或淡灰色短毛；沉水叶小，早落。花小，单生于叶腋两旁；萼筒4深裂，外面被淡黄色短毛；花瓣4，白色；雄蕊4；雌蕊，具半下位子房，2心皮，2室，每室具1倒生胚珠，仅1室胚珠发育；花盘鸡冠状。果三角状菱形，高2cm，宽2.5cm，表面具淡灰色长毛，2肩角直伸或斜举，肩角长约1.5cm，刺角基部不明显粗大，腰角位置无刺角，丘状突起不明显，果喙不明显，果颈高1mm，径4～5mm，内具1白种子。花期5～10月，果期7～11月。

生活习性： 生于湖泊或河湾中。叶、花可用于观赏。

分布位置： 漳河支流浊漳河。

6.2.2　狐尾藻 *Myriophyllum verticillatum* L.

分类地位： 被子植物门 Angiospermae　　双子叶植物纲 Dicotyledoneae
　　　　　　桃金娘目 Myrtiflorae　　小二仙草科 Haloragidaceae　　狐尾藻属 *Myriophyllum*。

形态特征： 多年生粗壮沉水草本。根状茎发达，在水底泥沙中蔓延，节部生根。茎圆柱形，长20～40cm，多分枝。叶通常4片轮生，或3～5片轮生，水中叶较长，长4～5cm，丝状全裂，无叶柄；裂片8～13对，互生，长0.7～1.5cm；水上叶互生，披针形，较强壮，鲜绿色，长约1.5cm，裂片较宽。秋季于叶腋中生出棍棒状冬芽而越冬。苞片羽状篦齿状分裂。花单性，雌雄同株或杂性、单生于水上叶腋内，每轮具4朵花，花无柄，较叶片短。雌花：生于水上茎下部叶腋中，萼片与子房合生，顶端4裂，裂片较小，长不足1mm，卵状三角形；花瓣4，舟状，早落；雌蕊1，子房广卵形，4室，柱头4裂，裂片三角形；花瓣4，椭圆形，长2～3mm，早落。雄花：雄蕊8，花药椭圆形，长2mm，淡黄色，花丝丝状，开花后伸出花冠外。果实广卵形，长3mm，具4条浅槽，顶端具残存的萼片及花柱。

生活习性： 生长在池塘、河沟、沼泽中。

分布位置： 沁河中下游。

6.2.3　金鱼藻 *Ceratophyllum demersum* L.

分类地位： 被子植物门 Angiospermae　　双子叶植物纲 Dicotyledoneae
　　　　　　毛茛目 Ranales　　金鱼藻科 Ceratophyllaceae　　金鱼藻属 *Ceratophyllum*。

形态特征： 多年生沉水草本；茎长40～150cm，平滑，具分枝。叶4～12，轮生，1～2次二叉状分歧，裂片丝状，或丝状条形，长1.5～2.0cm，宽0.1～0.5mm，先端带白色软骨质，边缘仅一侧有数细齿。花直径约2mm；苞片9～12，条形，长1.5～2.0mm，

浅绿色，透明，先端有3齿及带紫色毛；雄蕊10～16，微密集；子房卵形，花柱钻状。坚果宽椭圆形，长4～5mm，宽约2mm，黑色，平滑，边缘无翅，有3刺，顶生刺（宿存花柱）长8～10mm，先端具钩，基部2刺向下斜伸，长4～7mm，先端渐细呈刺状。花期6～7月，果期8～10月。

生活习性： 生于湖泊、池塘、水沟、水库及温泉流水处，在富含有机质、水层较深、长期浸水的稻田中也可生存。

分布位置： 沁河支流丹河、滹沱河下游、漳河支流浊漳河。

6.2.4 毛茛 *Ranunculus japonicus* Thunb.

分类地位： 被子植物门 Angiospermae　　双子叶植物纲 Dicotyledoneae
　　　　　　毛茛目 Ranales　　毛茛科 Ranunculaceae　　毛茛属 *Ranunculus*。

形态特征： 多年生草本。须根多数簇生。茎直立，高30～70cm，中空，有槽，具分枝，生开展或贴伏的柔毛。基生叶多数；叶片圆心形或五角形，长和宽为3～10cm，基部心形或截形，通常3深裂不达基部，中裂片倒卵状楔形或宽卵圆形或菱形，3浅裂，边缘有粗齿或缺刻，侧裂片不等地2裂，两面贴生柔毛，下面或幼时的毛较密；叶柄长达15cm，生开展的柔毛。下部叶与基生叶相似，渐向上叶柄变短，叶片较小，3深裂，裂片披针形，有尖齿牙或再分裂；最上部叶线形，全缘，无柄。聚伞花序有多数花，疏散；花直径1.5～2.2cm；花梗长达8cm，贴生柔毛；萼片椭圆形，长4～6mm，生白柔毛；花瓣5，倒卵状圆形，长6～11mm，宽4～8mm，基部有长约0.5mm的爪，蜜槽鳞片长1～2mm；花药长约1.5mm；花托短小，无毛。聚合果近球形，直径6～8mm；瘦果扁平，长2.0～2.5mm，上部最宽处与长近相等，为厚的5倍以上，边缘有宽约0.2mm的棱，无毛，喙短直或外弯，长约0.5mm。花果期4~9月。

生活习性： 喜生于田野、湿地、河岸、沟边及阴湿的草丛中。

分布位置： 汾河、滹沱河、漳河。

6.2.5 水蓼 *Persicaria hydropiper* (L.) Spach

分类地位： 被子植物门 Angiospermae　　双子叶植物纲 Dicotyledoneae
蓼目 Polygonales　　蓼科 Polygonaceae　　蓼属 *Persicaria*。

形态特征： 一年生草本，高40~70cm。茎直立，多分枝，无毛，节部膨大。叶披针形或椭圆状披针形，长4~8cm，宽0.5~2.5cm，顶端渐尖，基部楔形，边缘全缘，具缘毛，两面无毛，被褐色小点，有时沿中脉具短硬伏毛，具辛辣味，叶腋具闭花受精花；叶柄长4~8mm；托叶鞘筒状，膜质，褐色，长1.0~1.5cm，疏生短硬伏毛，顶端截形，具短缘毛，通常托叶鞘内藏有花簇。总状花序呈穗状，顶生或腋生，长3~8cm，通常下垂，花稀疏，下部间断；苞片漏斗状，长2~3mm，绿色，边缘膜质，疏生短缘毛，每苞内具3~5花；花梗比苞片长；花被5深裂，稀4裂，绿色，上部白色或淡红色，被黄褐色透明腺点，花被片椭圆形，长3.0~3.5mm；雄蕊6，稀8，比花被短；花柱2~3，柱头头状。瘦果卵形，长2~3mm，双凸镜状或具3棱，密被小点，黑褐色，无光泽，包于宿存花被内。花期5~9月，果期6~10月。

生活习性： 喜生于溪边、河边的浅水中及山谷地。

分布位置： 汾河、沁河、桑干河、滹沱河、漳河。

6.2.6 酸模叶蓼 *Persicaria lapathifolium* (L.) S. F. Gray

分类地位： 被子植物门 Angiospermae　　双子叶植物纲 Dicotyledoneae
蓼目 Polygonales　　蓼科 Polygonaceae　　蓼属 *Persicaria*。

形态特征： 一年生草本，高40~90cm。茎直立，具分枝，无毛，节部膨大。叶披针形

或宽披针形，长5～15cm，宽1～3cm，顶端渐尖或急尖，基部楔形，上面绿色，常有1个大的黑褐色新月形斑点，两面沿中脉被短硬伏毛，全缘，边缘具粗缘毛；叶柄短，具短硬伏毛；托叶鞘筒状，长1.5～3.0cm，膜质，淡褐色，无毛，具多数脉，顶端截形，无缘毛，稀具短缘毛。总状花序呈穗状，顶生或腋生，近直立，花紧密，通常由数个花穗再组成圆锥状，花序梗被腺体；苞片漏斗状，边缘具稀疏短缘毛；花被淡红色或白色，4（5）深裂，花被片椭圆形，外面两面较大，脉粗壮，顶端分叉，外弯；雄蕊通常6。瘦果宽卵形，双凹，长2～3mm，黑褐色，有光泽，包于宿存花被内。花期6～8月，果期7～9月。

生活习性： 喜生于田边、路旁、水边、荒地或沟边湿地。

分布位置： 汾河、沁河、桑干河、滹沱河、漳河。

6.2.7 皱叶酸模 Rumex crispus L.

分类地位： 被子植物门 Angiospermae　　双子叶植物纲 Dicotyledoneae
蓼目 Polygonales　　蓼科 Polygonaceae　　酸模属 Rumex。

形态特征： 多年生草本。根粗壮，黄褐色。茎直立，高50～120cm，不分枝或上部分枝，具浅沟槽。基生叶披针形或狭披针形，长10～25cm，宽2～5cm，顶端急尖，基部楔形，边缘皱波状；茎生叶较小，狭披针形；叶柄长3～10cm；托叶鞘膜质，易破裂。花序狭圆锥状，花序分枝近直立或上升；花两性；淡绿色；花梗细，中下部具关节，关节果时稍膨大；花被片6，外花被片椭圆形，长约1mm，内花被片果时增大，宽卵形，长4～5mm，网脉明显，顶端稍钝，基部近截形，边缘近全缘，全部具小瘤，稀1

片具小瘤，小瘤卵形，长1.5～2.0mm。瘦果卵形，顶端急尖，具3锐棱，暗褐色，有光泽。花期5～6月，果期6～7月。

生活习性： 以排水良好的砂质壤土为宜，喜生于河滩、沟边湿地。

分布位置： 汾河。

6.2.8 苋 *Amaranthus tricolor* L.

分类地位： 被子植物门Angiospermae　　双子叶植物纲Dicotyledoneae
　　　　　　中央种子目Centrospermae　　苋科Amaranthaceae　　苋属*Amaranthus*。

形态特征： 一年生草本，高80～150cm；茎粗壮，绿色或红色，常分枝，幼时有毛或无毛。叶片卵形、菱状卵形或披针形，长4～10cm，宽2～7cm，绿色或常呈红色、紫色或黄色，或部分绿色夹杂其他颜色，顶端圆钝或尖凹，具凸尖，基部楔形，全缘或波状缘，无毛；叶柄长2～6cm，绿色或红色。花簇腋生，直到下部叶，或同时具顶生花簇，成下垂的穗状花序；花簇球形，直径5～15mm，雄花和雌花混生；苞片及小苞片卵状披针形，长2.5～3.0mm，透明，顶端有1长芒尖，背面具1绿色或红色隆起中脉；花被片矩圆形，长3～4mm，绿色或黄绿色，顶端有1长芒尖，背面具1绿色或紫色隆起中脉；雄蕊比花被片长或短。胞果卵状矩圆形，长2.0～2.5mm，环状横裂，包裹在宿存花被片内。种子近圆形或倒卵形，直径约1mm，黑色或黑棕色，边缘钝。花期5～8月，果期7～9月。

生活习性： 喜温暖气候，耐热性强，不耐寒冷。

分布位置： 汾河、沁河、桑干河、滹沱河、漳河。

6.2.9 马齿苋 *Portulaca oleracea* L.

分类地位： 被子植物门Angiospermae　　双子叶植物纲Dicotyledoneae
　　　　　　中央种子目Centrospermae　　马齿苋科Portulacaceae　　马齿苋属*Portulaca*。

形态特征： 一年生草本，全株无毛。茎平卧或斜倚，伏地铺散，多分枝，圆柱形，长10～15cm，淡绿色或带暗红色。叶互生，有时近对生，叶片扁平，肥厚，倒卵形，似马齿状，长1～3cm，宽0.6～1.5cm，顶端圆钝或平截，有时微凹，基部楔形，全缘，上面暗绿色，下面淡绿色或带暗红色，中脉微隆起；叶柄粗短。花无梗，直径4～5mm，常3～5朵簇生枝端，午时盛开；苞片2～6，叶状，膜质，近轮生；萼片2，对生，绿色，盔形，左右压扁，长约4mm，顶端急尖，背部具龙骨状突起，基部合生；花瓣5，稀4，黄色，倒卵形，长3～5mm，顶端微凹，基部合生；雄蕊通常8或更多，长约12mm，花药黄色；子房无毛，花柱比雄蕊稍长，柱头4～6裂，线形。蒴果卵球形，长约5mm，盖裂；种子细小，多数，偏斜球形，黑褐色，有光泽，直径不及1mm，具小疣状突起。花期5～8月，果期6～9月。

生活习性： 喜肥沃土壤，耐旱耐涝，生命力强，生于菜园、农田、路旁，为田间常见杂草。

分布位置： 汾河、沁河、桑干河、滹沱河、漳河。

6.2.10 苍耳 *Xanthium strumarium* L.

分类地位： 被子植物门 Angiospermae　　双子叶植物纲 Dicotyledoneae
　　　　　　　桔梗目 Campanulales　　菊科 Compositae　　苍耳属 *Xanthium*。

形态特征： 一年生草本，高20～90cm。根纺锤状，分枝或不分枝。茎直立，不分枝或少有分枝，下部圆柱形，径4～10mm，上部有纵沟，被灰白色糙伏毛。叶三角状卵形或心形，长4～9cm，宽5～10cm，近全缘，或有3～5不明显浅裂，顶端尖或钝，基部稍心形或截形，与叶柄连接处成相等的楔形，边缘有不规则的粗锯齿，有三基出脉，侧脉弧形，直达叶缘，脉上密被糙伏毛，上面绿色，下面苍白色，被糙伏毛；叶柄长3～11cm。雄性的头状花序球形，径4～6mm，有或无花序梗，总苞片长圆状披针形，长1.0～1.5mm，被短柔毛，花托柱状，托片倒披针形，长约2mm，顶端尖，有微毛，有多数的雄花，花冠钟形，管部上端有5宽裂片；花药长圆状线形；雌性的头状花序椭圆形，外层总苞片小，披针形，长约3mm，被短柔毛，内层总苞片结合呈囊状，宽卵形或椭圆形，绿色、淡黄绿色或有时带红褐色，在瘦果成熟时变坚硬，连同喙部长12～15mm，宽4～7mm，外面有疏生的具钩状的刺，刺极细而直，基部微增粗或几不增粗，长1.0～1.5mm，基部被柔毛，常有腺点，或全部无毛；喙坚硬，锥形，上端略呈镰刀状，长1.5～2.5mm，常不等长，少有结合而成1个喙。瘦果2，倒卵形。花期7～8月，果期9～10月。

生活习性： 常生活于平原、丘陵、低山、荒野路边、田边，耐干旱瘠薄土壤。

分布位置： 汾河、沁河、桑干河、滹沱河、漳河。

6.2.11 蒲公英 *Taraxacum mongolicum* Hand.-Mazz.

分类地位： 被子植物门 Angiospermae　　双子叶植物纲 Dicotyledoneae
桔梗目 Campanulales　　菊科 Compositae　　蒲公英属 *Taraxacum*。

形态特征： 多年生草本。根圆柱状，黑褐色，粗壮。叶倒卵状披针形、倒披针形或长圆状披针形，长4～20cm，宽1～5cm，先端钝或急尖，边缘有时具波状齿或羽状深裂，有时倒向羽状深裂或大头羽状深裂，顶端裂片较大，三角形或三角状戟形，全缘或具齿，每侧裂片3～5片，裂片三角形或三角状披针形，通常具齿，平展或倒向，裂片间常夹生小齿，基部渐狭成叶柄，叶柄及主脉常带红紫色，疏被蛛丝状白色柔毛或几无毛。花葶1至数个，与叶等长或稍长，高10～25cm，上部紫红色，密被蛛丝状白色长柔毛；头状花序直径30～40mm；总苞钟状，长12～14mm，淡绿色；总苞片2～3层，外层总苞片卵状披针形或披针形，长8～10mm，宽1～2mm，边缘宽膜质，基部淡绿色，上部紫红色，先端增厚或具小至中等的角状突起；内层总苞片线状披针形，长10～16mm，宽2～3mm，先端紫红色，具小角状突起；舌状花黄色，舌片长约8mm，宽约1.5mm，边缘花舌片背面具紫红色条纹，花药和柱头暗绿色。瘦果倒卵状披针形，暗褐色，长4～5mm，宽1.0～1.5mm，上部具小刺，下部具成行排列的小瘤，顶端逐渐收缩为长约1mm的圆锥形至圆柱形喙基，喙长6～10mm，纤细；冠毛白色，长约6mm。花期4～9月，果期5～10月。

生活习性： 适应性较强，不择土壤，但以向阳、肥沃、湿润的沙质壤土生长较好。

分布位置： 汾河、沁河、桑干河、滹沱河、漳河。

6.2.12 蓟 *Cirsium japonicum* Fisch. ex DC.

分类地位： 被子植物门 Angiospermae　　双子叶植物纲 Dicotyledoneae
桔梗目 Campanulales　　菊科 Compositae　　蓟属 *Cirsium*。

形态特征： 多年生草本，块根纺锤状或萝卜状，直径达7mm。茎直立，30（100）～80（150）cm，分枝或不分枝，全部茎枝有条棱，被稠密或稀疏的多细胞长节毛，接头状花序下部灰白色，被稠密绒毛及多细胞节毛。基生叶较大，全卵形、长倒卵形、椭圆形或长椭圆形，长8～20cm，宽2.5～8.0cm，羽状深裂或几全裂，基部渐狭成短或长翼柄，翼柄边缘有针刺及刺齿；侧裂片6～12对，中部侧裂片较大，向上及向下的侧裂片渐小，全部侧裂片排列稀疏或紧密，卵状披针形、半椭圆形、斜三角形、长三角形或三角状披针形，宽窄变化极大，或宽达3cm，或狭至0.5cm，边缘有稀疏大小不等的小锯齿，或锯齿较大而使整个叶片呈现较为明显的二回状分裂状态，齿顶针刺长可达6mm，短可至2mm，齿缘针刺小而密或几无针刺；顶裂片披针形或长三角形。自基部向上的叶渐小，与基生叶同形并等样分裂，但无柄，基部扩大半抱茎。全部茎叶两面同为绿色，两面沿脉有稀疏的长或短节毛，或几无毛。头状花序直立，少有下垂的，少数生茎端而花序极短，不呈明显的花序式排列，少有头状花序单生茎端的。总苞钟状，直径3cm。总苞片约6层，覆瓦状排列，向内层渐长，外层与中层卵状三角形至长三角形，长0.8～1.3cm，宽3.0～3.5mm，顶端长渐尖，有长1～2mm的针刺；内层披针形或线状披针形，长1.5～2.0cm，宽2～3mm，顶端渐尖呈软针刺状。全部苞片外面有微糙毛并沿中肋有黏腺。瘦果压扁，偏斜楔状倒披针状，长4mm，宽2.5mm，顶端斜截形。小花红色或紫色，长2.1cm，檐部长1.2cm，不等5浅裂，细管部长9mm。冠毛浅褐色，多层，基部联合成环，整体脱落；冠毛刚毛长羽毛状，长达2cm，内层向顶端纺锤状扩大或渐细。花果期4～11月。

生活习性： 适应性很强，一般生于山坡林中、林缘、灌丛中、草地、荒地、田间、路旁或溪旁。

分布位置： 汾河、沁河、桑干河、滹沱河、漳河。

6.2.13 鬼针草 Bidens pilosa L.

分类地位： 被子植物门 Angiospermae　　双子叶植物纲 Dicotyledoneae
　　　　　　 桔梗目 Campanulales　　菊科 Compositae　　鬼针草属 Bidens。

形态特征： 一年生草本植物。茎直立，高30～100cm，钝四棱形，无毛或上部被极稀疏的柔毛，基部直径可达6mm。茎下部叶较小，3裂或不分裂，通常在开花前枯萎，中部叶具长1.5～5.0cm无翅的柄，三出，小叶3枚，很少为具5（7）小叶的羽状复叶，两侧小叶椭圆形或卵状椭圆形，长2.0～4.5cm，宽1.5～2.5cm，先端锐尖，基部近圆形或阔楔形，有时偏斜，不对称，具短柄，边缘有锯齿，顶生小叶较大，长椭圆形或卵状长圆形，长3.5～7.0cm，先端渐尖，基部渐狭或近圆形，具长1～2cm的柄，边缘有锯齿，无毛或被极稀疏的短柔毛，上部叶小，3裂或不分裂，条状披针形。头状花序直径8～9mm，有长1～6cm（果时长3～10cm）的花序梗。总苞基部被短柔毛，苞片7～8枚，条状匙形，上部稍宽，开花时长3～4mm，果时长至5mm，草质，边缘疏被短柔毛或几无毛，外层托片披针形，果时长5～6mm，干膜质，背面褐色，具黄色边缘，内层较狭，条状披针形。无舌状花，盘花筒状，长约4.5mm，冠檐5齿裂。瘦果黑色，条形，略扁，具棱，长7～13mm，宽约1mm，上部具稀疏瘤状突起及刚毛，顶端芒刺

3~4枚，长1.5~2.5mm，具倒刺毛。

生活习性： 喜生于温暖湿润气候区，以疏松肥沃、富含腐殖质的砂质壤土及黏壤土为宜。

分布位置： 汾河、沁河、桑干河、滹沱河、漳河。

6.2.14　狼杷草 *Bidens tripartita* L.

分类地位： 被子植物门 Angiospermae　　双子叶植物纲 Dicotyledoneae
　　　　　　　桔梗目 Campanulales　　菊科 Compositae　　鬼针草属 *Bidens*。

形态特征： 一年生草本。茎高20~150cm，圆柱状或具钝棱而稍呈四方形，基部直径2~7mm，无毛，绿色或带紫色，上部分枝或有时自基部分枝。叶对生，下部的较小，不分裂，边缘具锯齿，通常于花期枯萎，中部叶具柄，柄长0.8~2.5cm，有狭翅；叶片无毛或下面有极稀疏的小硬毛，长4~13cm，长椭圆状披针形，不分裂（极少）或近基部浅裂成1对小裂片，通常3~5深裂，裂深几达中肋，两侧裂片披针形至狭披针形，长3~7cm，宽8~12mm，顶生裂片较大，披针形或长椭圆状披针形，长5~11cm，宽1.5~3.0cm，两端渐狭，与侧生裂片边缘均具疏锯齿，上部叶较小，披针形，3裂或不分裂。头状花序单生茎端及枝端，直径1~3cm，高1.0~1.5cm，具较长的花序梗。总苞盘状，外层苞片5~9枚，条形或匙状倒披针形，长1.0~3.5cm，先端钝，具缘毛，叶状，内层苞片长椭圆形或卵状披针形，长6~9mm，膜质，褐色，有纵条纹，具透明或淡黄色的边缘；托片条状披针形，约与瘦果等长，背面有褐色条纹，边缘透明。无舌状花，全为筒状两性花，花冠长4~5mm，冠檐4裂。花药基部钝，顶端有椭圆形附器，花丝上部增宽。瘦果扁，楔形或倒卵状楔形，长6~11mm，宽2~3mm，边缘有倒刺毛，顶端芒刺通常2枚，极少3~4枚，长2~4mm，两侧有倒刺毛。

生活习性： 生于水边湿地、沟渠及浅水滩，也生于路边荒野。

分布位置： 沁河、漳河。

6.2.15　艾 *Artemisia argyi* Levl. et Van.

分类地位： 被子植物门 Angiospermae　　双子叶植物纲 Dicotyledoneae
　　　　　　　桔梗目 Campanulales　　菊科 Compositae　　蒿属 *Artemisia*。

形态特征： 多年生草本或略呈半灌木状，植株有浓烈香气。主根明显，略粗长，直径达1.5cm，侧根多；常有横卧地下根状茎及营养枝。茎单生或少数，高80~150（250）cm，有明显纵棱，褐色或灰黄褐色，基部稍木质化，上部草质，并有少数短的分枝，枝长3～5cm；茎、枝均被灰色蛛丝状柔毛。叶厚纸质，上面被灰白色短柔毛，并有白色腺点与小凹点，背面密被灰白色蛛丝状绒毛；基生叶具长柄，花期萎谢；茎下部叶近圆形或宽卵形，羽状深裂，每侧具裂片2～3枚，裂片椭圆形或倒卵状长椭圆形，每裂片有2～3枚小裂齿，干后背面

主、侧脉多为深褐色或锈色，叶柄长0.5～0.8cm；中部叶卵形、三角状卵形或近菱形，长5～8cm，宽4～7cm，一（至二）回羽状深裂至半裂，每侧裂片2～3枚，裂片卵形、卵状披针形或披针形，长2.5～5.0cm，宽1.5～2.0cm，不再分裂或每侧有1～2枚缺齿，叶基部宽楔形渐狭成短柄，叶脉明显，在背面凸起，干时锈色，叶柄长0.2～0.5cm，基部通常无假托叶或有极小的假托叶；上部叶与苞片叶羽状半裂、浅裂或3深裂或3浅裂，或不分裂，而为椭圆形、长椭圆状披针形、披针形或线状披针形。头状花序椭圆形，直径2.5～3.0（3.5）mm，无梗或近无梗，每数枚至10余枚在分枝上排成小型的穗状花序或复穗状花序，并在茎上通常再组成狭窄、尖塔形的圆锥花序，花后头状花序下倾；总苞片3～4层，覆瓦状排列，外层总苞片小，草质，卵形或狭卵形，背面密被灰白色蛛丝状绵毛，边缘膜质，中层总苞片较外层长，长卵形，背面被蛛丝状绵毛，内层总苞片质薄，背面近无毛；花序托小；雌花6～10朵，花冠狭管状，檐部具2裂齿，紫色，花柱细长，伸出花冠外甚长，先端2叉；两性花8～12朵，花冠管状或高脚杯状，外面有腺点，檐部紫色，花药狭线形，先端附属物尖，长三角形，基部有不明显的小尖头，花柱与花冠近等长或略长于花冠，先端2叉，花后向外弯曲，叉端截形，并有睫毛。瘦果长卵形或长圆形。花果期7～10月。

生活习性：生于低海拔至中海拔地区的荒地、路旁河边及山坡等地，也见于森林草原及草原地区，局部地区为植物群落的优势种。

分布位置：汾河、沁河、桑干河、滹沱河、漳河。

6.2.16 茵陈蒿 *Artemisia capillaris* Thunb.

分类地位：被子植物门 Angiospermae　　双子叶植物纲 Dicotyledoneae
　　　　　　桔梗目 Campanulales　　菊科 Compositae　　蒿属 *Artemisia*。

形态特征：半灌木状草本，植株有浓烈的香气。主根明显木质，垂直或斜向下伸长；根茎直径5～8mm，直立，稀少斜上展或横卧，常有细的营养枝。茎单生或少数，高40～120cm或更长，红褐色或褐色，有不明显的纵棱，基部木质，上部分枝多，向上斜伸展；茎、枝初时密生灰白色或灰黄色绢质柔毛，后渐稀疏或脱落无毛。营养枝端

有密集叶丛，基生叶密集着生，常呈莲座状；基生叶、茎下部叶与营养枝叶两面均被棕黄色或灰黄色绢质柔毛，后期茎下部叶被毛脱落，叶卵圆形或卵状椭圆形，长2～4（5）cm，宽1.5～3.5cm，二（至三）回羽状全裂，每侧有裂片2～3（4）枚，每裂片再3～5全裂，小裂片狭线形或狭线状披针形，通常细直、不弧曲，长5～10mm，宽0.5～1.5（2.0）mm，叶柄长3～7mm，花期上述叶均萎谢；中部叶宽卵形、近圆形或卵圆形，长2～3cm，宽1.5～2.5cm，（一至）二回羽状全裂，小裂片狭线形或丝线形，通常细直、不弧曲，长8～12mm，宽0.3～1.0mm，近无毛，顶端微尖，基部裂片常半抱茎，近无叶柄；上部叶与苞片叶羽状5全裂或3全裂，基部裂片半抱茎。头状花序卵球形，稀近球形，多数，直径1.5～2.0mm，有短梗及线形的小苞叶，在分枝的上端或小枝端偏向外侧生长，常排成复总状花序，并在茎上端组成大型、开展的圆锥花序；总苞片3～4层，外层总苞片草质，卵形或椭圆形，背面淡黄色，有绿色中肋，无毛，边膜质，中、内层总苞片椭圆形，近膜质或膜质；花序托小，凸起；雌花6～10朵，花冠狭管状或狭圆锥状，檐部具2（3）裂齿，花柱细长，伸出花冠外，先端2叉，叉端尖锐；两性花3～7朵，不孕育，花冠管状，花药线形，先端附属物尖，长三角形，基部圆钝，花柱短，上端棒状，2裂，不叉开，退化子房极小。瘦果长圆形或长卵形。花果期7～10月。

生活习性： 生于低海拔地区河岸和海岸附近的湿润沙地、路旁及低山坡地区。

分布位置： 汾河、沁河、桑干河、滹沱河、漳河。

6.2.17 蒌蒿 Artemisia selengensis Turcz. ex Bess.

分类地位： 被子植物门 Angiospermae　　双子叶植物纲 Dicotyledoneae
　　　　　　 桔梗目 Campanulales　　菊科 Compositae　　蒿属 Artemisia。

形态特征： 多年生草本，植株具清香气味。主根不明显或稍明显，具多数侧根与纤维状须根；根状茎稍粗，直立或斜向上，直径4～10mm，有匍匐地下茎。茎少数或单生，高60～150cm，初时绿褐色，后为紫红色，无毛，有明显纵棱，下部通常半木质化，上部有着生头状花序的分枝，枝长6～10（12）cm，稀更长，斜向上。叶纸质或薄纸质，上面绿色，无毛或近无毛，背面密被灰白色蛛丝状平贴的绵毛；茎下部叶宽卵形或卵形，长8~12cm，宽6~10cm，近呈掌状或指状，5或3全裂或深裂，稀间有7裂或不分裂的叶，分裂叶的裂片线形或线状披针形，长5~7（8）cm，宽3~5mm，不分裂的叶片为长椭圆形、椭圆状披针形或线状披针形，长6~12cm，宽5~20mm，先端锐尖，边缘通常具细锯
齿，偶有少数短裂齿白，叶基部渐狭成柄，叶柄长0.5~2.0（5）cm，无假托叶，花期下部叶通常凋谢；中部叶近呈掌状，5深裂或为指状3深裂，稀间有不分裂之叶，分裂叶的裂片长椭圆形、椭圆状披针形或线状披针形，长3~5cm，宽2.5~4.0mm，不分裂的叶为椭圆形、长椭圆形或椭圆状披针形，宽可达1.5cm，先端通常锐尖，叶缘或裂片边缘有锯齿，基部楔形，渐狭呈柄状；上部叶与苞片叶指状3深裂、2裂或不分裂，裂片或不分裂的苞片叶为线状披针形，边缘具疏锯齿。头状花序多数，长圆形或宽卵形，直径2.0~2.5mm，近无梗，直立或稍倾斜，在分枝上排成密穗状花序，并在茎上组成狭而伸长的圆锥花序；总苞片3~4层，外层总苞片略短，卵形或近圆形，背面初时疏被灰白色蛛丝状短绵毛，后渐脱落，边狭膜质，中、内层总苞片略长，长卵形或卵状匙形，黄褐色，背面初时微被蛛丝状绵毛，后脱落无毛，边宽膜质或全为半膜质；花序托小，凸起；雌花8~12朵，花冠狭管状，檐部具一浅裂，花柱细长，伸出花冠外甚长，先端长，2叉，叉端尖；两性花10~15朵，花冠管状，花药线形，先端附属物尖，长三角形，基部圆钝或微尖，花柱与花冠近等长，先端微叉开，叉端截形，有睫毛。瘦果卵形，略扁，上端偶有不对称的花冠着生面。花果期7~10月。

生活习性： 多生于低海拔地区的河湖岸边与沼泽地带，在沼泽化草甸地区常形成小区域植物群落的优势种与主要伴生种；在湿润的疏林、山坡、路旁、荒地等也常见。

分布位置： 沁河、漳河。

6.2.18　飞廉 *Carduus nutans* L.

分类地位： 被子植物门 Angiospermae　　双子叶植物纲 Dicotyledoneae
　　　　　　桔梗目 Campanulales　　菊科 Compositae　　飞廉属 *Carduus*。

形态特征： 二年生或多年生草本，高30~100cm。茎单生或少数茎成簇生，通常多分枝，分枝细长，极少不分枝，全部茎枝有条棱，被稀疏的蛛丝毛和多细胞长节毛，上部或接头状花序下部常呈灰白色，密被厚的蛛丝状绵毛。中下部茎叶长卵圆形或披针形，长（5）10~40cm，宽（1.5）3~10cm，羽状半裂或深裂，侧裂片5~7对，斜三角形或三角状卵形，顶端有淡黄白色或褐色的针刺，针刺长达4~6mm，边缘针刺较

短；向上茎叶渐小，羽状浅裂或不裂，顶端及边缘具等样针刺，但通常比中下部茎叶裂片边缘及顶端的针刺为短。全部茎叶两面同色，两面沿脉被多细胞长节毛，但上面的毛稀疏，或两面兼被稀疏蛛丝毛，基部无柄，两侧沿茎下延伸成茎翼，但基部茎叶基部渐狭成短柄。茎翼连续，边缘有大小不等的三角形刺齿裂，齿顶和齿缘有黄白色或褐色的针刺，接头状花序下部的茎翼常呈针刺状。头状花序通常下垂或下倾，单生茎顶或长分枝的顶端，但不形成明显的伞房花序排列，植株通常生4～6个头状花序，极少多于4～6个头状花序，更少植株含1个头状花序。总苞钟状或宽钟状；总苞直径4～7cm。总苞片多层，不等长，覆瓦状排列，向内层渐长；最外层长三角形，长1.4～1.5cm，宽4.0～4.5mm；中层及内层三角状披针形，长椭圆形或椭圆状披针形，长1.5～2.0cm，宽约5mm；最内层苞片宽线形或线状披针形，长2.0～2.2cm，宽2～3mm。全部苞片无毛或被稀疏蛛丝状毛，除最内层苞片以外，其余各层苞片中部或上部屈膝状弯曲，中脉高起，在顶端呈长或短针刺状伸出。小花紫色，长2.5cm，檐部长1.2cm，5深裂，裂片狭线形，长达6.5mm，细管部长1.3cm。瘦果灰黄色，楔形，稍压扁，长3.5mm，有多数浅褐色的细纵线纹及细横皱纹，下部收窄，基底着生面稍偏斜，顶端斜截形，有果缘，果缘全缘，无锯齿。冠毛白色，多层，不等长，向内层渐长，长达2cm；冠毛刚毛锯齿状，向顶端渐细，基部联合成环，整体脱落。花果期6～10月。

生活习性： 多生于低海拔地区的河湖岸边、沼泽地带等。

分布位置： 汾河、沁河。

6.2.19 紫菀 *Aster tataricus* L. f.

分类地位： 被子植物门 Angiospermae　　双子叶植物纲 Dicotyledoneae
　　　　　　桔梗目 Campanulales　　菊科 Compositae　　紫菀属 *Aster*。

形态特征： 多年生草本，根状茎斜升。茎直立，高40～50cm，粗壮，基部有纤维状枯叶残片且常有不定根，有棱和沟，被疏粗毛，有疏生的叶。基部叶在花期枯落，长圆

状或椭圆状匙形,下半部渐狭成长柄,连柄长20～50cm,宽3～13cm,顶端尖或渐尖,边缘有具小尖头的圆齿或浅齿。下部叶匙状长圆形,常较小,下部渐狭或急狭成具宽翅的柄,边缘除顶部外有密锯齿;中部叶长圆形或长圆披针形,无柄,全缘或有浅齿,上部叶狭小;全部叶厚纸质,上面被短糙毛,下面被稍疏的但沿脉被较密的短粗毛;中脉粗壮,与5～10对侧脉在下面凸起,网脉明显。头状花序多数,径2.5～4.5cm,在茎和枝端排列成复伞房状;花序梗长,有线形苞叶。总苞半球形,长7～9mm,径10～25mm;总苞片3层,线形或线状披针形,顶端尖或圆形,外层长3～4mm,宽1mm,全部或上部草质,被密短毛,内层长达8mm,宽达1.5mm,边缘宽膜质且带紫红色,有草质中脉。舌状花20余个;管部长3mm,舌片蓝紫色,长15～17mm,宽2.5～3.5mm,有4至多脉;管状花长6～7mm且稍有毛,裂片长1.5mm;花柱附片披针形,长0.5mm。瘦果倒卵状长圆形,紫褐色,长2.5～3.0mm,两面各有1脉或少有3脉,上部被疏粗毛。冠毛污白色或带红色,长6mm,有多数不等长的糙毛。花期7～9月,果期8～10月。

生活习性: 生于低山阴坡湿地、山顶和低山草地及沼泽地。

分布位置: 汾河、沁河、桑干河、滹沱河、漳河。

6.2.20 秋英 *Cosmos bipinnatus* Cav.

分类地位: 被子植物门 Angiospermae　　双子叶植物纲 Dicotyledoneae
　　　　　　桔梗目 Campanulales　　菊科 Compositae　　秋英属 *Cosmos*。

形态特征: 一年生或多年生草本,高1～2m。根纺锤状,多须根,或近茎基部有不定根。茎无毛或稍被柔毛。叶二次羽状深裂,裂片线形或丝状线形。头状花序单生,径3～6cm;花序梗长6～18cm。总苞片外层披针形或线状披针形,近革质,淡绿色,具深紫色条纹,上端长狭尖,与内层等长,长10～15mm,内层椭圆状卵形,膜质。托片平展,上端呈丝状,与瘦果近等长。舌状花紫红色、粉红色或白色;舌片椭圆状倒卵形,长2～3cm,宽1.2～1.8cm,有3～5钝齿;管状花黄色,长6～8mm,管部短,上

部圆柱形，有披针状裂片；花柱具短突尖的附器。瘦果黑紫色，长8～12mm，无毛，上端具长喙，有2～3尖刺。花期6～8月，果期9～10月。

生活习性： 在我国栽培甚广，为观赏植物。在路旁、田埂、溪岸也常自生。

分布位置： 沁河、漳河。

6.2.21 旋覆花 *Inula japonica* Thunb.

分类地位： 被子植物门 Angiospermae　　双子叶植物纲 Dicotyledoneae
　　　　　　桔梗目 Campanulales　　菊科 Compositae　　旋覆花属 *Inula*。

形态特征： 多年生湿生草本。根状茎短，横走或斜升，有多少粗壮的须根。茎单生，有时2～3个簇生，直立，高30～70cm，有时基部具不定根，基部径3～10mm，有细沟，被长伏毛，或下部有时脱毛，上部有上升或开展的分枝，全部有叶；节间长2～4cm。基部叶常较小，在花期枯萎；中部叶长圆形、长圆状披针形或披针形，长4～13cm，宽1.5～3.5cm，稀4cm，基部多少狭窄，常有圆形半抱茎的小耳，无柄，顶端稍尖或渐尖，边缘有小尖头状疏齿或全缘，上面有疏毛或近无毛，下面有疏伏毛和腺点；中脉和侧脉有较密的长毛；上部叶渐狭小，线状披针形。头状花序径3～4cm，多数或少数排列成疏散的伞房花序；花序梗细长。总苞半球形，径13～17mm，长7～8mm；总苞片约

6层，线状披针形，近等长，但最外层常叶质而较长；外层基部革质，上部叶质，背面有伏毛或近无毛，有缘毛；内层除绿色中脉外干膜质，渐尖，有腺点和缘毛。舌状花黄色，较总苞长2.0~2.5倍；舌片线形，长10~13mm；管状花花冠长约5mm，有三角披针形裂片；冠毛1层，白色有20余个微糙毛，与管状花近等长。瘦果长1.0~1.2mm，圆柱形，有10条沟，顶端截形，被疏短毛。花期6~10月，果期9~11月。

生活习性： 生于山坡路旁、湿润草地、河岸和田埂上。

分布位置： 汾河、沁河、桑干河、滹沱河、漳河。

6.2.22 草木樨 *Melilotus officinalis* (L.) Pall.

分类地位： 被子植物门 Angiospermae　　双子叶植物纲 Dicotyledoneae
　　　　　　蔷薇目 Rosales　　豆科 Leguminosae　　草木樨属 *Melilotus*。

形态特征： 二年生草本，高40~100（250）cm。茎直立，粗壮，多分枝，具纵棱，微被柔毛。羽状三出复叶；托叶镰状线形，长3~5（7）mm，中央有1条脉纹，全缘或基部有1尖齿；叶柄细长；小叶倒卵形、阔卵形、倒披针形至线形，长15~25（30）mm，宽5~15mm，先端钝圆或截形，基部阔楔形，边缘具不整齐疏浅齿，上面无毛，粗糙，下面散生短柔毛，侧脉8~12对，平行，直达齿尖，两面均不隆起，顶生小叶稍大，具较长的小叶柄，侧小叶的小叶柄短。总状花序长6~15(20)cm，腋生，具花30~70朵，初时稠密，花开后渐疏松，花序轴在花期中显著伸展；苞片刺毛状，长约1mm；花长3.5~7.0mm；花梗与苞片等长或稍长；萼钟形，长约2mm，脉纹5条，甚清晰，萼齿三角状披针形，稍不等长，比萼筒短；花冠黄色，旗瓣倒卵形，与翼瓣近等长，龙骨瓣稍短或三者均近等长；雄蕊筒在花后常宿存包于果外；子房卵状披针形，胚珠（4）6（8）粒，花柱长于子房。荚果卵形，长3~5mm，宽约2mm，先端具宿存花柱，表面具凹凸不平的横向细网纹，棕黑色；有种子1~2粒。种子卵形，长2.5mm，黄褐色，平滑。花期5~9月，果期6~10月。

生活习性： 生于山坡、河岸、路旁、砂质草地及林缘。

分布位置： 汾河。

6.2.23 达乌里黄芪 *Astragalus dahuricus* (Pall.) DC.

分类地位： 被子植物门 Angiospermae　　双子叶植物纲 Dicotyledoneae
　　　　　　 蔷薇目 Rosales　　豆科 Leguminosae　　黄芪属 *Astragalus*。

形态特征： 一年生或二年生草本，被开展、白色柔毛。茎直立，高达80cm，分枝，有细棱。羽状复叶有11～19（23）片小叶，长4～8cm；叶柄长不及1cm；托叶分离，狭披针形或钻形，长4～8mm；小叶长圆形、倒卵状长圆形或长圆状椭圆形，长5～20mm，宽2～6mm，先端圆或略尖，基部钝或近楔形，小叶柄长不及1mm。总状花序较密，生10～20花，长3.5～10.0cm；总花梗长2～5cm；苞片线形或刚毛状，长3.0～4.5mm。花梗长1.0～1.5mm；花萼斜钟状，长5.0～5.5mm，萼筒长1.5～2.0mm，萼齿线形或刚毛状，上边2齿较萼部短，下边3齿较长（长达4mm）；花冠紫色，旗瓣近倒卵形，长12～14mm，宽6～8mm，先端微缺，基部宽楔形，翼瓣长约10mm，瓣片弯长圆形，长约7mm，宽1.0～1.4mm，先端钝，基部耳向外伸，瓣柄长约3mm，龙骨瓣长约13mm，瓣片近倒卵形，长8～9mm，宽2.0～2.5mm，瓣柄长约4.5mm；子房有柄，被毛，柄长约1.5mm。荚果线形，长1.5～2.5cm，宽2.0～2.5mm，先端凸尖喙状，直立，内弯，具横脉，假2室，含20～30颗种子，果颈短，长1.5～2.0mm。种子淡褐色或褐色，肾形，长约1.0mm，宽约1.5mm，有斑点，平滑。花期7～9月，果期8～10月。

生活习性： 生于山坡和河滩草地。
分布位置： 漳河。

6.2.24 蕨麻 *Argentina anserina* (L.) Rydb.

分类地位： 被子植物门 Angiospermae　　双子叶植物纲 Dicotyledoneae
　　　　　　 蔷薇目 Rosales　　蔷薇科 Rosaceae　　蕨麻属 *Argentina*。
形态特征： 多年生草本。根向下延长，有时在根的下部长成纺锤形或椭圆形块根。茎匍匐，在节处生根，常着地长出新植株，外被伏生或半开展疏柔毛或脱落几无毛。基生叶为间断羽状复叶，有小叶6～11对，连叶柄长2～20cm，叶柄被伏生或半开展疏柔毛，有时脱落几无毛。小叶对生或互生，无柄或顶生小叶有短柄，最上面1对小叶基部下延与叶轴会合，基部小叶渐小呈附片状；小叶片通常椭圆形、倒卵椭圆形或长椭圆形，长1.0～2.5cm，宽
0.5～1.0cm，顶端圆钝，基部楔形或阔楔形，边缘有多数尖锐锯齿或呈裂片状，上面绿色，被疏柔毛或脱落几无毛，下面密被紧贴的银白色绢毛，叶脉明显或不明显，茎生叶与基生叶相似，仅小叶对数较少；基生叶和下部茎生叶托叶膜质，褐色，与叶柄连成鞘状，外面被疏柔毛或脱落几无毛，上部茎生叶托叶草质，多分裂。单花腋生；花梗长2.5～8.0cm，被疏柔毛；花直径1.5～2.0cm；萼片三角卵形，顶端急尖或渐尖，副萼片椭圆形或椭圆披针形，常2～3裂，稀不裂，与副萼片近等长或稍短；花瓣黄色，倒卵形，顶端圆形，比萼片长1倍；花柱侧生，小枝状，柱头稍扩大。

生活习性： 生于河岸、路边、山坡草地及草甸。

分布位置： 汾河、沁河、桑干河、滹沱河、漳河。

6.2.25 蔊菜 *Rorippa indica* (L.) Hiern

分类地位： 被子植物门 Angiospermae　　双子叶植物纲 Dicotyledoneae
　　　　　　罂粟目 Rhoeadales　　十字花科 Cruciferae　　蔊菜属 *Rorippa*。

形态特征： 一、二年生直立草本，高20～40cm，植株较粗壮，无毛或具疏毛。茎单一或分枝，表面具纵沟。叶互生，基生叶及茎下部叶具长柄，叶形多变化，通常大头羽状分裂，长4～10cm，宽1.5～2.5cm，顶端裂片大，卵状披针形，边缘具不整齐牙齿，侧裂片1～5对；茎上部叶片宽披针形或匙形，边缘具疏齿，具短柄或基部耳状抱茎。总状花序顶生或侧生，花小，多数，具细花梗；萼片4，卵状长圆形，长3～4mm；花瓣4，黄色，匙形，基部渐狭成短爪，与萼片近等长；雄蕊6，2枚稍短。长角果线状圆柱形，短而粗，长1～2cm，宽1.0～1.5mm，直立或稍内弯，成熟时果瓣隆起；果梗纤细，长3～5mm，斜升或近水平开展。种子每室2行，多数，细小，卵圆形且扁，一端微凹，表面褐色，具细网纹；子叶缘倚胚根。花期4～6月，果期6～8月。

生活习性： 生于路旁、田边、园圃、河边、屋边墙角及山坡路旁等较潮湿处。

分布位置： 滹沱河。

6.2.26 荠 *Capsella bursa-pastoris* (L.) Medic.

分类地位： 被子植物门 Angiospermae　　双子叶植物纲 Dicotyledoneae
　　　　　　　罂粟目 Rhoeadales　　十字花科 Cruciferae　　荠属 *Capsella*。

形态特征： 一年或二年生草本，高（7）10～50cm，无毛、有单毛或分叉毛；茎直立，单一或从下部分枝。基生叶丛生呈莲座状，大头羽状分裂，长可达12cm，宽可达2.5cm，顶裂片卵形至长圆形，长5～30mm，宽2～20mm，侧裂片3～8对，长圆形至卵形，长5～15mm，顶端渐尖，浅裂或有不规则粗锯齿或近全缘，叶柄长5～40mm；茎生叶窄披针形或披针形，长5.0～6.5mm，宽2～15mm，基部箭形，抱茎，边缘有缺刻或锯齿。总状花序顶生及腋生，果期延长达20cm；花梗长3～8mm；萼片长圆形，长1.5～2.0mm；花瓣白色，卵形，长2～3mm，有短爪。短角果倒三角形或倒心状三角形，长5～8mm，宽4～7mm，扁平，无毛，顶端微凹，裂瓣具网脉；花柱长约0.5mm；果梗长5～15mm。种子2行，长椭圆形，长约1mm，浅褐色。花果期4～6月。

生活习性： 野生，偶有栽培。生于山坡、田边及路旁。

分布位置： 漳河支流浊漳河。

6.2.27 独行菜 *Lepidium apetalum* Wild.

分类地位： 被子植物门 Angiospermae　　双子叶植物纲 Dicotyledoneae
　　　　　　　罂粟目 Rhoeadales　　十字花科 Cruciferae　　独行菜属 *Lepidium*。

形态特征： 一年或二年生草本，高5～30cm；茎直立，有分枝，无毛或具微小头状毛。基生叶窄匙形，一回羽状浅裂或深裂，长3～5cm，宽1.0～1.5cm；叶柄长1～2cm；茎

上部叶线形,有疏齿或全缘。总状花序在果期可延长至5cm;萼片早落,卵形,长约0.8mm,外面有柔毛;花瓣不存或退化成丝状,比萼片短;雄蕊2或4。短角果近圆形或宽椭圆形,扁平,长2~3mm,宽约2mm,顶端微缺,上部有短翅,隔膜宽不足1mm;果梗弧形,长约3mm。种子椭圆形,长约1mm,平滑,棕红色。花果期5~7月。

生活习性: 生于路旁、沟边。为常见的田间杂草。

分布位置: 汾河中下游。

6.2.28 曼陀罗 *Datura stramonium* L.

分类地位: 被子植物门Angiospermae　双子叶植物纲Dicotyledoneae
　　　　　　管状花目Tubiflorae　茄科Solanaceae　曼陀罗属*Datura*。

形态特征: 草本或半灌木状,高0.5~1.5m,全体近于平滑或在幼嫩部分被短柔毛。茎粗壮,圆柱状,淡绿色或带紫色,下部木质化。叶广卵形,顶端渐尖,基部不对称楔形,边缘有不规则波状浅裂,裂片顶端急尖,有时也有波状牙齿,侧脉每边3~5条,直达裂片顶端,长8~17cm,宽4~12cm;叶柄长3~5cm。花单生于枝杈间或叶腋,直立,有短梗;花萼筒状,长4~5cm,筒部有5棱角,两棱间稍向内陷,基部稍膨大,顶端紧围花冠筒,5浅裂,裂片三角形,花后自近基部断裂,宿存部分随果实而增大并向外反折；花冠漏斗状，下半部带绿色，上部白色或淡紫色，檐部5浅裂，裂片有短尖头，长6～10cm，檐部直径3～5cm；雄蕊不伸出花冠，花丝长约3cm，花药长约4mm；子房密生柔针毛，花柱长约6cm。蒴果直立生，卵状，长3.0～4.5cm，直径2～4cm，表面生有坚硬针刺或有时无刺而近平滑，成熟后淡黄色，规则4瓣裂。种子卵圆形，稍扁，长约4mm，黑色。花期6～10月，果期7～11月。

生活习性： 喜温暖、向阳的砂质壤土。多野生在田间、沟旁、道边、河岸、山坡等处。

分布位置： 汾河、沁河、滹沱河、漳河。

6.2.29 牵牛 *Ipomoea nil* (L.) Roth

分类地位： 被子植物门 Angiospermae　　双子叶植物纲 Dicotyledoneae
　　　　　　管状花目 Tubiflorae　　旋花科 Convolvulaceae　　番薯属 *Ipomoea*。

形态特征： 一年生缠绕草本，茎上被倒向的短柔毛及杂有倒向或开展的长硬毛。叶宽卵形或近圆形，深或浅的3裂，偶5裂，长4～15cm，宽4.5～14.0cm，基部圆，心形，中裂片长圆形或卵圆形，渐尖或骤尖，侧裂片较短，三角形，裂口锐或圆，叶面或疏或密被微硬的柔毛；叶柄长2～15cm，毛被同茎。花腋生，单一或通常2朵着生于花序梗顶，花序梗长短不一，长1.5～18.5cm，通常短于叶柄，有时较长，毛被同茎；苞片线形或叶状，被开展的微硬毛；花梗长2～7mm；小苞片线形；萼片近等长，长2.0～2.5cm，披针状线形，内面2片稍狭，外面被开展的刚毛，基部更密，有时也杂有短柔毛；花冠漏斗状，长5～8（10）cm，蓝紫色或紫红色，花冠管色淡；雄蕊及花柱内藏；雄蕊不等长；花丝基部被柔毛；子房无毛，柱头头状。蒴果近球形，直径0.8～1.3cm，3瓣裂。种子卵状三棱形，长约6mm，黑褐色或黄色，被褐色短绒毛。

生活习性： 适应性较强，喜阳光充足。常生于山坡灌丛、河谷路边、山地路边等处。

分布位置： 汾河、沁河、桑干河、滹沱河、漳河。

6.2.30 益母草 *Leonurus japonicus* Houtt.

分类地位： 被子植物门 Angiospermae　　双子叶植物纲 Dicotyledoneae　　管状花目 Tubiflorae　　唇形科 Labiatae　　益母草属 *Leonurus*。

形态特征： 一年或二年生草本，有密生须根的主根。茎直立，通常高30~120cm，钝四棱形，微具槽，有倒向糙伏毛，在节和棱上尤为密集，在基部有时近于无毛，多分枝，或仅于茎中部以上有能育的小枝条。叶轮廓变化很大，茎下部叶轮廓为卵形，基部宽楔形，掌状3裂，裂片呈长圆状菱形至卵圆形，通常长2.5~6.0cm，宽1.5~4.0cm，裂片上再分裂，上面绿色，有糙伏毛，叶脉稍下陷，下面淡绿色，被疏柔毛和腺点，叶脉凸出，叶柄纤细，长2~3cm，由于叶基下延而在上部略具翅，腹面具槽，背面圆形，被糙伏毛；茎中部叶轮廓为菱形，较小，通常分裂成3个或偶有多个长圆状线形的裂片，基部狭楔形，叶柄长0.5~2.0cm；花序最上部的苞叶近于无柄，线形或线状披针形，长3~12cm，宽2~8mm，全缘或具稀少牙齿。轮伞花序腋生，具8~15花，轮廓为圆球形，径2.0~2.5cm，多数远离而组成长穗状花序；小苞片刺状，向上伸出，基部略弯曲，比萼筒短，长约5mm，有贴生的微柔毛；花梗无。花萼管状钟形，长6~8mm，外面有贴生微柔毛，内面于离基部1/3以上被微柔毛，5脉，显著，齿5，前2齿靠合，长约3mm，后3齿较短，等长，长约2mm，齿均宽三角形，先端刺尖。花冠粉红色至淡紫红色，长1.0~1.2cm，外面于伸出萼筒部分被柔毛，冠筒长约6mm，等大，内面在离基部1/3处有近水平向的不明显鳞毛毛环，毛环在背面间断，其上部多少有鳞状毛，冠檐二唇形，上唇直伸，内凹，长圆形，长约7mm，宽4mm，全缘，内面无毛，边缘具纤毛，下唇略短于上唇，内面在基部疏被鳞状毛，3裂，中裂片倒心形，先端微缺，边缘薄膜质，基部收缩，侧裂片卵圆形，细小。雄蕊4枚，均延伸至上唇片之下，平行，前对较长，花丝丝状，扁平，疏被鳞状毛，花药卵圆形，二室。花柱丝状，略超出于雄蕊而与上唇片等长，无毛，先端相等2浅裂，裂片钻形。花盘平顶。子房褐色，无毛。小坚果长圆状三棱形，长2.5mm，顶端平截而略宽大，基部楔形，淡褐色，光滑。花期通常在6~9月，果期9~10月。

生活习性： 喜温暖湿润气候，以较肥沃的土壤为佳，需要充足水分条件，但不宜积水。

分布位置： 滹沱河中上游。

6.2.31 薄荷 Mentha canadensis L.

分类地位： 被子植物门 Angiospermae　　双子叶植物纲 Dicotyledoneae　　管状花目 Tubiflorae　　唇形科 Labiatae　　薄荷属 Mentha。

形态特征： 多年生草本。茎直立，高30~60cm，下部数节具纤细的须根及水平匍匐根状茎，锐四棱形，具四槽，上部被倒向微柔毛，下部仅沿棱上被微柔毛，多分枝。叶片长圆状披针形，先端锐尖，基部楔形至近圆形，边缘在基部以上疏生粗大的牙齿状锯齿；沿脉上密生，余部疏生微柔毛，或除脉外余部近于无毛；叶柄长2~10mm，腹凹背凸，被微柔毛。轮伞花序腋生，轮廓球形，具梗或无梗，具梗时梗可长达3mm，被微柔毛；花梗纤细，被微柔毛或近于无毛；花萼管状钟形，外被微柔毛和腺点，内面无毛，10脉，不明显，萼齿5，狭三角状钻形，先端长锐尖；花冠淡紫色，内面在喉部以下被微柔毛，冠檐4裂，上裂片先端2裂，较大，其余3裂片近等大，长圆形，先端钝。雄蕊4枚，前对较长，均伸出于花冠之外。小坚果卵珠形，黄褐色，具小腺窝。花期7~9月，果期10月。

生活习性： 喜阳光，适宜在水旁潮湿地生存。

分布位置： 汾河、沁河、滹沱河下游、漳河。

6.2.32 车前 Plantago asiatica L.

分类地位： 被子植物门 Angiospermae　　双子叶植物纲 Dicotyledoneae　　车前目 Plantaginales　　车前科 Plantaginaceae　　车前属 Plantago。

形态特征： 二年生或多年生草本。须根多数。根茎短，稍粗。叶基生，呈莲座状，平卧、斜展或直立；叶片薄纸质或纸质，宽卵形至宽椭圆形，长4~12cm，宽

2.5~6.5cm，先端钝圆至急尖，边缘波曲状，全缘或中部以下有锯齿、牙齿或裂齿，基部宽楔形或近圆形，多少下延，两面疏生短柔毛，脉5~7条；叶柄长2~15（27）cm，基部扩大成鞘，疏生短柔毛。花序3~10个，直立或弓曲上升；花序梗长5~30cm，有纵条纹，疏生白色短柔毛；穗状花序细圆柱状，长3~40cm，紧密或稀疏，下部常间断；苞片狭卵状三角形或三角状披针形，长2~3mm，长大于宽，龙骨突宽厚，无毛或先端疏生短毛。花具短梗；花萼长2~3mm，萼片先端钝圆或钝尖，龙骨突不延伸至顶端，前对萼片椭圆形，龙骨突较宽，两侧片稍不对称，后对萼片宽倒卵状椭圆形或宽倒卵形。花冠白色，无毛，冠筒与萼片约等长，裂片狭三角形，长约1.5mm，先端渐尖或急尖，具明显的中脉，于花后反折。雄蕊着生于冠筒内面近基部，与花柱明显外伸，花药卵状椭圆形，长1.0~1.2mm，顶端具宽三角形突起，白色，干后变淡褐色。胚珠7~15（18）。蒴果纺锤状卵形、卵球形或圆锥状卵形，长3.0~4.5mm，于基部上方周裂。种子5~6（12），卵状椭圆形或椭圆形，长（1.2）1.5~2.0mm，具角，黑褐色至黑色，背腹面微隆起；子叶背腹向排列。花期4~8月，果期6~9月。

生活习性： 适应性强，耐寒、耐旱，土壤以微酸性的沙质冲积壤土较好。生于草地、沟边、河岸湿地、田边、路旁或村边空旷处。

分布位置： 沁河、桑干河、滹沱河、漳河。

6.2.33　葎草 *Humulus scandens* (Lour.) Merr.

分类地位： 被子植物门 Angiospermae　　双子叶植物纲 Dicotyledoneae
　　　　　　荨麻目 Urticales　　桑科 Moraceae　　葎草属 *Humulus*。

形态特征： 多年生缠绕草本。茎、枝、叶柄均具倒钩刺。叶纸质，肾状五角形；掌状5~7深裂，稀为3裂，长宽约7~10cm，基部心脏形，表面粗糙，疏生糙伏毛；背面有柔毛和黄色腺体，裂片卵状三角形，边缘具锯齿；叶柄长5~10cm。雄花小，黄绿色，圆锥花序，长15~25cm；雌花序球果状，径约5mm，苞片纸质，三角形，顶端渐尖，具白色绒毛；子房为苞片包围，柱头2，伸出苞片外。瘦果成熟时露出苞片外。花期春

夏季，果期秋季。

生活习性： 适应能力非常强，在土壤pH值为4.0~8.5的环境均能生长，常生于沟边、荒地、废墟、林缘边。

分布位置： 汾河、沁河、漳河。

6.3 蕨纲 Filicopsida

6.3.1 槐叶蘋 *Salvinia natans* (L.) All.

分类地位： 蕨类植物门 Pteridophyta　　蕨纲 Filicopsida　　槐叶蘋目 Salviniales　　槐叶蘋科 Salviniaceae　　槐叶蘋属 *Salvinia*。

形态特征： 小型漂浮植物。茎细长而横走，被褐色节状毛。三叶轮生，上面二叶漂浮水面，形如槐叶，长圆形或椭圆形，长0.8~1.4cm，宽5~8mm，顶端钝圆，基部圆形或稍呈心形，全缘；叶柄长1mm或近无柄。叶脉斜出，在主脉两侧有小脉15~20对，每条小脉上面有5~8束白色刚毛；叶草质，上面深绿色，下面密被棕色茸毛。下面一叶悬垂水中，细裂成线状，被细毛，形如须根，起着根的作用。孢子果4~8个簇生于沉水叶的基部，表面疏生成束的短毛，小孢子果表面淡黄色，大孢子果表面淡棕色。
生活习性：喜生于水田、沟塘和静水溪河内。
分布位置：漳河支流浊漳河。

6.4 木贼纲 Equisetinae

6.4.1 木贼 *Equisetum hyemale* L.

分类地位： 蕨类植物门 Pteridophyta　　木贼纲 Equisetinae　　木贼目 Equisetales　　木贼科 Equisetaceae　　木贼属 *Equisetum*。

形态特征： 大型植物。根茎横走或直立，黑棕色，节和根有黄棕色长毛。地上枝多年生。枝一型。高达1m或更高，中部直径（3）5~9mm，节间长5~8cm，绿色，不分枝或直基部有少数直立的侧枝。地上枝有脊16~22条，脊的背部弧形或近方形，无明显小瘤或有小瘤2行；鞘筒0.7~1.0cm，黑棕色或顶部及基部各有1圈或仅顶部有1圈黑棕色；鞘齿16~22枚，披针形，小，长0.3~0.4cm。顶端

淡棕色，膜质，芒状，早落，下部黑棕色，薄革质，基部的背面有3~4条纵棱，宿存或同鞘筒一起早落。孢子囊穗卵状，长1.0~1.5cm，直径0.5~0.7cm，顶端有小尖突，无柄。

生活习性： 喜生于水边、沟旁或阴谷。
分布位置： 汾河支流潇河、漳河支流清漳河。

第7章　山西省水生生物名录及分布概况

在2017年山西省五大流域水生生物多样性调查评估工作中，虽然对所有河段均进行了春、夏、秋3个季节的调查，但距离全面反映水生生物分布情况仍然存在一定的差距。另外，本次调查的范围是针对山西省五大流域的自然河段，对各类水库及黄河干流并未做调查，而且考虑到安全、生态等因素，并未采取电鱼等采集方法，调查效果也受到一定影响。由于以上原因，2017年采集的水生生物物种数和历史统计数据存在一定的差异。

为更加全面地反映山西省水生生物分布情况，作者对历史文献资料和近10年的调查情况进行了广泛搜集和分析，并与本次调查结果相结合，得到了山西省五大流域及黄河干流山西段的水生生物分布情况，各物种名录及分布见表7-1～表7-5。

结合资料记载和本次调查结果，山西省河流鱼类共127种，分属9目16科61属，其中，鲤科鱼类最多，为79种，花鳅科20种，沙塘鳢科、鰕虎鱼科、银鱼科各2种，鳅科8种，鮠科、丽鲷科各3种，太阳鱼科、胡子鲶科、青鳉科、胡瓜鱼科、鳗鲡科、乌鳢科、刺鱼科、合鳃鱼科各1种。汾河的清徐胡鮈、沁河的唇䱻、滹沱河的盎堂拟鲿等为山西省特有鱼类，太阳鱼、池沼公鱼、大银鱼、陈氏新银鱼和革胡子鲶等为引进种。根据《中国物种红色名录》，长麦穗鱼、刺鮈、黄河鮈为易危物种，兰州鲇、北方铜鱼、平鳍鳅鮀为濒危物种。近年来，在黄河干流及山西省内五大流域可采集到的物种仅有70种，其余57种为历史记载有分布，但在现阶段已很难采集到标本。

山西省经济鱼类包括鲤、鲫、鲢、鳙、鳘、青鱼、草鱼、赤眼鳟、黄颡鱼、唇䱻、乌苏里拟鲿、鮠、雅罗鱼、池沼公鱼、翘嘴红鲌等，其中，唇䱻、乌苏里拟鲿为沁河、滹沱河特有经济鱼类，鲤、鲫、鲢、鳙、鳘等为汾河、桑干河、漳河的经济鱼类，翘嘴红鲌为漳河特有经济鱼类。根据鱼类（渔获物）种群结构，这些具有地域性经济价值的鱼类数量和重量锐减，而非经济小型鱼类比例上升，如棒花鱼、马口鱼、麦穗鱼、鳑鲏属的鱼类等。根据《国家重点保护经济水生动植物资源名录》，国家重点保护经济鱼类有19种在山西有分布，目前可采集到的有15种，主要分布于各大湖库中，自然河段分布较少，鳗鲡、鳡、三角鲂、铜鱼这4种在山西省已较难采集到。

山西省底栖动物共53科，分属7纲18目，其中，昆虫纲最多，达36科，甲壳纲5科，腹足纲4科，双壳纲3科，寡毛纲、涡虫纲各1科，蛭纲3科。山西省重点保护经济底栖动物包括秀丽白虾、日本沼虾、河蚬，在五大流域自然河段均有分布，但数量较少。

山西省浮游植物共8门98属，包括蓝藻门14属、硅藻门19属、绿藻门47属、甲藻门3属、裸藻门5属、黄藻门和隐藻门各2属、金藻门6属。

浮游动物共74属，其中原生动物41属，轮虫25属，枝角类5属，桡足类3属。

山西省水生和岸带植物共417种，分属2门4纲97科。其中，挺水型植物主要包括香蒲科、莎草科、蓼科、禾本科、毛茛科等植物，沉水型植物主要包括眼子菜科的菹草、篦齿眼子菜、竹叶眼子菜、穿叶眼子菜及少量的金鱼藻等植物，漂浮型植物分布较少，仅有少量的浮萍、菱等，其余为湿生或陆生植物。山西省重点保护经济性水生植物共8种，分别为欧菱、芦苇、水芹、荸荠、慈姑、狭叶香蒲、芡实、莲。

表7-1　山西主要河流鱼类物种及分布

鱼类物种	流域分布					
	汾河	沁河	桑干河	滹沱河	漳河	黄河干流山西段
泥鳅 *Misgurnus anguillicaudatus* (Cantor, 1842)	+	+	+	+	+	*
细尾泥鳅 *Misgurnus bipartitus* (Sauvage et Dabry, 1874)	○					
大鳞副泥鳅 *Paramisgurnus dabryanus* Dabry de Thiersant, 1872	+		+	+		*
中华花鳅 *Cobitis sinensis* (Sauvage et Dabry de Thiersant, 1874)						*
隆头高原鳅 *Triplophysa alticeps* (Herzenstein, 1888)					+	
武威高原鳅 *Triplophysa wuweiensis* (Li et Chang, 1974)	+					
达里湖高原鳅 *Triplophysa dalaica* (Kessler, 1876)	+	+	*	*	+	
酒泉高原鳅 *Triplophysa hsutschouensi*		○		*		
短尾高原鳅 *Triplophysa brevviuda* (Herzenstein)				*		*
粗壮高原鳅 *Triplophysa robusta* (Kessler, 1876)	*					
安氏高原鳅 *Triplophysa angeli* (Fang)				*		
小眼高原鳅 *Triplophysa microps* (Steindachner)						*
岷县高原鳅 *Triplophysa minxianensis* (Wang et Zhu, 1979)						*
后鳍高原鳅 *Triplophysa posteroventralis* (Nichols, 1925)						○
中亚高原鳅 *Triplophysa stoliczkai* (Steindachner, 1866)						○
董氏高原鳅 *Triplophysa toni* (Dybowski, 1869)						○

续表

鱼类物种	流域分布					
	汾河	沁河	桑干河	滹沱河	漳河	黄河干流山西段
鞍斑高原鳅 *Triplophysa sellaefer* (Nichols, 1925)	○					
花斑副沙鳅 *Parabotia fasciata* Dabry de Thiersant, 1872	○					
东方薄鳅 *Leptobotia orientalis* Xu，Fang et Wang, 1981						○
北鳅 *Lefua costata* (Keslser, 1876)			∗		+	○
鲤 *Cyprinus carpio* Linnaeus, 1758	+	+	+	+	+	∗
鲫 *Carassius auratus* (Linnaeus, 1758)	+	+	+	+	+	∗
草鱼 *Ctenopharyngodon idellus* (Valenciennes, 1844)	+	∗	+		+	○
青鱼 *Mylopharyngodon piceus* (Richardson, 1846)					∗	○
黄河雅罗鱼 *Leuciscus chuanchicus* (Kessler, 1876)	+	∗				
瓦氏雅罗鱼 *Leuciscus waleckii* (bowski, 1869)	∗					∗
赤眼鳟 *Squaliobarus curriculus* (Richardson, 1846)					∗	
拉氏大吻鱥 *Rhynchocypris lagowskii* (Dybowski, 1869)	+	∗				
尖头拉氏鱥 *Phoxinus lagowskii oxycephalus* (Sauvage et Dabry de Thiersant, 1874)						○
山西鱥 *Phoxinus agowskii chorensis* (Rendahl)						∗
张氏鱥 *Phoxinus tchangi* Chen, 1988	○					
鳤 *Ochetobibus elongatus* (Kner, 1867)						○
鳡 *Elopichthys bombusa* (Richardson, 1845)						○
鲢 *Hypophthalmichthys molitrix* (Valenciennes, 1844)	+		∗		∗	∗
鳙 *Aristichthys nobilis* (Richardson, 1845)	∗		∗		∗	∗
棒花鱼 *Abbottina rivularis* (Basilewsky, 1855)	+	+	+	+	+	∗
棒花鮈 *Gobio rivuloides* Nichols, 1925	+	+			+	
黄河鮈 *Gobio huanghensis* Lo, Yao et Chen, 1977	∗	+	∗	∗	+	∗
犬首鮈 *Gobio cynocephalus* (Dybowsky)						∗

续表

鱼类物种	流域分布					
	汾河	沁河	桑干河	滹沱河	漳河	黄河干流山西段
大头鮈 Gobio gobio macrocephalus (Mori)						○
似铜鮈 Gobio coriparoides Nichols, 1925						○
张氏鮈 Gobio tchangi						○
细体鮈 Gobio tenuicorpus Mori, 1934						○
济南颌须鮈 Gnathopogon tsinanedsis (Mori, 1928)				*		○
短须颌须鮈 Gnathopogon imberbis (Sauvage et Dabry, 1874)		+		+	+	○
多纹颌须鮈 Gnathopogon polytaenia (Nichols, 1925)	○					
隐须颌须鮈 Ganthopogon nicholsi (Fang)						○
中间银鮈 Squalidus intermedius (Nichols, 1929)						○
银鮈 Squalidus argentatus (Sauvage et Dabry, 1874)						○
蛇鮈 Saurogobio dabryi (Bleeker)						○
刺鮈 Acanthogobio guentheri Herzenstein, 1892						*
清徐胡鮈 Huigobio chinssuensis Nichols, 1926	○	*				
似鮈 Pseudogobio vaillanti (Sauvage)		*				
吻鮈 Rhinogobio typus Bleeker, 1871		*		*		○
大鼻吻鮈 Rhinogobio nasutus (Kessler, 1876)						○
圆筒吻鮈 Rhinogobio cylindricu (Günther)						*
似白鮈 Paraleucogobio notacantus Berg, 1907						○
铜鱼 Coreius cetopsis (Kner, 1867)						○
北方铜鱼 Coreius septrionalis Nichols, 1925						○
短须铜鱼 Coreius heterodon (Bleeker, 1865)						○
长须铜鱼 Coreius septentrionalis (Nihols, 1925)						○
唇䱻 Hemibarbus labeo		*				○
花䱻 Hemibarbus maculatus Bleeker, 1871	*			*		*
鲮䱻 Hemibarbus labeo (Pallas, 1776)						○

续表

鱼类物种	流域分布					
	汾河	沁河	桑干河	滹沱河	漳河	黄河干流山西段
长吻鮈 Hemibarbus longirostris (Regan, 1908)						○
麦穗鱼 Pseudorasbora parva (Temminck et Schlegel, 1846)	+	+	+	+	+	*
稀有麦穗鱼 Pseudorasbora fowleri Nichols	*	*		*		
长麦穗鱼 Pseudorasbora elongat Wu		*	*			
黑鳍鳈 Sarcocheilichthys nigripinnis (Günther, 1873)						○
鳌 Hemiculter leucisculus (Basilcwsky, 1855)	+	+	+	+	+	*
油鳘 Hemiculter bleekeri Warpachowski, 1887						○
似鲚 Toxabramis swinhonis Günther		*				
三角鲂 Megalobrama terminalis (Richardson, 1846)						○
团头鲂 Megalobrama amblycephala Yin, 1955					*	○
红鳍红鲌 Erythroculter erythropterus (Basilewslcy, 1855)					*	*
翘嘴红鲌 Erythroculter ilishaeformis (Bleeker)					*	*
青梢红鲌 Erythroculter dabryi (Bleeker)					*	
蒙古红鲌 Erythroculter mongolicus (Basilewslcy, 1855)						○
短尾鲌 Culter alburnus brevicauda Günther, 1868						○
寡鳞飘鱼 Pseudolaubuca engraulis (Nichols, 1925)						*
银飘鱼 Pseudolaubuca sinensis Günther, 1889						*
鳊 Parabramis pekinensis (Basilewsky, 1855)						○
东方真鳊 Abramis brama orientalis (Berg)						+○
中华细鲫 Aphyocypris chinensis Günther, 1868						○
银鲴 Xenocypris argenten Günther, 1868	*					*
黄鲴 Xenocypris davidi Bleeker, 1871						○

续表

鱼类物种	流域分布					
	汾河	沁河	桑干河	滹沱河	漳河	黄河干流山西段
细鳞斜颌鲴 Plagiognathops microlepis (Bleeker, 1871)						○
马口鱼 Opsariichthys uncirostris bidens Günther, 1873	+	+	*	+	+	*
宽鳍鱲 Zacco platypus (Temminck et Schlegel, 1846)		+				
中华鳑鲏 Rhodeus sinensis Günther, 1868	*	+	*	*	+	*
黑龙江鳑鲏 Rhodeus sericeus (Pallas, 1776)	+	+			+	
高体鳑鲏 Rhodeus rhodeus (Kner, 1866)	+	+		+	+	*
彩石鲋 Pseudoperilampus lighti Wu, 1931		*				*
大鳍刺鳑鲏 Acanthorhodeus macropterus Bleeker, 1871						○
带臀刺鳑鲏 Acanthorhodeus taenianalis Günther, 1873						○
斑条鱊 Acheilognathus taenianalis				○		○
多鳞铲颌鱼 Varicorhinus macrolepis (Bleeker, 1871)	○	○		○		
平鳍鳅鮀 Gobiobotia homalopteroidea Rendahl, 1932						○
宜昌鳅鮀 Gobiobotia ichangensis Fang, 1930						○
小黄黝鱼 Micropercops swinhonis (Günther, 1873)	+	+	+	+	+	*
葛氏鲈塘鳢 Perccottus glenii (Dybowski, 1877)						*
子陵吻鰕虎鱼 Rhinogobius giurinus (Rutter, 1897)	+	+	*	+	+	*
波氏吻鰕虎鱼 Rhinogobius cliffordpopei (Nichols, 1925)	+	+	+	+		*
尼罗河丽鲷 Tilapia nilotica (Linnaeus, 1758)						+○
莫桑比丽鲷 Tilapia mossambica (Peters, 1848)						+○
奥里亚丽鲷 Tilapia aureus						+○
太阳鱼 Lepomis gibbosus (Linnaeus, 1758)	+○					
黄颡鱼 Pselteobagrus fulvidraco (Richardson, 1846)	*			+	+	*
光泽黄颡鱼 Pselteobagrus nitidus (Sauvage et Dabry)						*

续表

鱼类物种	流域分布					
	汾河	沁河	桑干河	滹沱河	漳河	黄河干流山西段
瓦氏黄颡鱼 *Pseudobagrus vachelli* (Richardson, 1846)						○
厚吻黄颡鱼 *Pseudobagrus crassirostris* (Regan, 1913)	○					
粗唇黄颡鱼 *Pseudobagrus crassilabris* (Günther, 1864)						○
开封黄颡鱼 *Pseudobagrus kaifenensis* (Tchang, 1934)	○					
乌苏里拟鲿 *Pseudobagrus ussuriensis* Dybowski, 1872		*		*		*
盎堂拟鲿 *Pseudobagrus ondon* Shaw, 1930				*		
鲇 *Silurus asotus* Linnaeus, 1758	*	*	*	*	+	
六须鲇 *Silurus soldatovi* Nikolsky et Soin, 1948						*
兰州鲇 *Silurus lanzhouensis* Chen, 1977						*
革胡子鲇 *Clarias gariepinus* (Buchell)					+○	
青鳉 *Oryzias latipes* (Temminck et Schlegel, 1846)			+	+	+	*
池沼公鱼 *Hypomesus olidus* (Pallas, 1811)	+○					
大银鱼 *Protosalanx hyalocranius* (Abbot, 1901)					+○	
陈氏新银鱼 *Neosalanx tangkahkeii* (Wu, 1931)					○	
鳗鲡 *Anguilla japonica* Temminck et Schlegell, 1846	○					○
乌鳢 *Ophiocephalus argus* Cantor, 1842			+			*
中华九刺鱼 *Pungitius pungitius sinensis* (Guichcnot, 1869)	*					
黄鳝 *Monopterus albus* Zuiew, 1793						*

注："+"表示本次采集到标本，"+○"表示引进物种，"*"表示近10年内有调查到标本，"○"表示记载有分布但近年来未采集到标本。

表7-2　山西主要河流底栖动物物种及分布

底栖动物物种	流域分布					
	汾河	沁河	桑干河	滹沱河	漳河	黄河干流山西段
扁蜉科 Heptageniidae	+	+			+	
小蜉科 Ephemerellidae	+				+	
短丝蜉科 Siphlonuridae		+	+	+	+	

续表

底栖动物物种	流域分布					
	汾河	沁河	桑干河	滹沱河	漳河	黄河干流山西段
蜉蝣科 Ephemeridae	+	+		+	+	
四节蜉科 Baetidae			+	+	+	
河花蜉科 Potamanthidae		+		+		
纹石蛾科 Hydropsychidae	+	+		+	+	
沼石蛾科 Limnephilidae		+			+	
瘤石蛾科 Goeridae	+			+	+	
角石蛾科 Stenopsychidae		+				
龙虱科 Dytiscidae	+	+	+	+	+	
水龟科 Hydrophilidae	+	+	+	+	+	
鱼蛉科 Corydalidae	+				+	
春蜓科 Gomphidae	+	+	+	+	+	
蜓科 Aeshnidae				+		
蜻科 Libellulidae	+	+	+	+	+	
大蜻科 Macromiidae		+		+	+	
伪蜻科 Corduliidae	+	+	+	+	+	
色蟌科 Calopterygidae	+		+		+	+
丝蟌科 Lestidae	+	+		+	+	
蟌科 Coenagrionidae			+		+	
摇蚊科 Chironomidae	+	+	+	+	+	
虻科 Tabanidae	+	+	+	+	+	+
水虻科 Stratiomyiidae	+	+		+		
大蚊科 Tipulidae	+	+		+	+	
食牙蝇科 Syrphidae			+			
舞虻科 Empididae					+	
水蝇科 Ephydridae			+			
幽蚊科 Chaoboridae				+	+	
毛蠓科 Psychodidae				+		
蚋科 Simuliidae		+				+
蝎蝽科 Nepidae	+	+	+	+		
黾蝽科 Gerridae	+	+	+	+	+	+
划蝽科 Corixidae	+	+	+		+	
负子蝽科 Belostomatidae		+	+		+	+
潜蝽科 Naucoridae			+			
长臂虾科 Palaemonidae	+	+	+	+	+	+

续表

底栖动物物种	流域分布					
	汾河	沁河	桑干河	滹沱河	漳河	黄河干流山西段
匙指虾科 Atyidae	+	+	+	+	+	
溪蟹科 Potamidae	+	+	+		+	
螯虾科 Cambaridae					+	
钩虾科 Gammaridae	+			+	+	+
田螺科 Viviparidae	+	+	+	+	+	
椎实螺科 Lymnaeidae	+	+	+	+		
膀胱螺科 Physidae	+	+	+	+		
扁蜷螺科 Planorbidae	+	+			+	
蚬科 Corbiculidae		+			+	
球蚬科 Sphaeriidae	+					
蚌科 Unionodae	+	+	+	+	+	
颤蚓科 Tubificidae	+					+
水蛭科 Hirudinidae	+		+	+	+	
石蛭科 Erpobdellidae						
舌蛭科 Glossiphoniidae	+	+	+	+	+	+
三角涡虫科 Dugesiidae	+	+				

注："+"表示物种有分布。

表7-3 山西省主要河流浮游植物物种及分布

浮游植物物种	流域分布					
	汾河	沁河	桑干河	滹沱河	漳河	黄河干流山西段
蓝纤维藻属 Dactylococcopsis	+	+	+	+	+	+
色球藻属 Chroococcus	+	+	+	+	+	
微囊藻属 Microcystis	+		+	+	+	
隐球藻属 Aphanocapsa	+					
平裂藻属 Merismopedia	+	+	+	+	+	+
尖头藻属 Raphidiopsis			+		+	
螺旋藻属 Spirulina						
颤藻属 Oscillatoria	+	+	+	+	+	
席藻属 Phormidium						+
鱼腥藻属 Anabeana	+		+	+	+	
拟鱼腥藻属 Anabaenopsis		+				
集胞藻属 Synechocystis				+		
束球藻属 Gomphosphaeria	+	+				
针杆藻属 Synedra	+	+	+	+	+	+

续表

浮游植物物种	流域分布					
	汾河	沁河	桑干河	滹沱河	漳河	黄河干流山西段
星杆藻属 Asterionella	+	+				
脆杆藻属 Fragilaria	+	+		+	+	+
等片藻属 Diatoma	+	+	+	+	+	
桥弯藻属 Cymbella	+	+	+	+	+	+
双眉藻属 Amphora	+	+	+	+	+	
异极藻属 Gomphonema	+	+	+	+	+	+
舟形藻属 Navicula	+	+	+	+	+	
羽纹藻属 Pinnularia	+	+	+	+	+	
布纹藻属 Gyrosigma	+	+	+	+	+	
菱形藻属 Nitzschia	+	+	+	+	+	
双菱藻属 Surirella	+	+	+	+	+	
波缘藻属 Cymatopleura	+	+	+	+	+	+
曲壳藻属 Achnanthes	+	+		+	+	
卵形藻属 Cocconeis	+	+	+	+	+	+
小环藻属 Cyclotella	+	+	+	+	+	+
直链藻属 Melosira	+		+	+	+	+
茧形藻属 Amphiprora			+			
平板藻属 Tabellaria	+	+	+	+	+	+
栅藻属 Scenedesmus	+	+	+	+	+	+
十字藻属 Crucigenia	+	+	+	+	+	+
微芒藻属 Micractinium	+	+	+	+		
韦氏藻属 Westella	+	+	+	+	+	
四星藻属 Tetrastum					+	
空星藻属 Coelastrum	+	+	+	+	+	+
弓形藻属 Schroederia	+	+	+		+	+
四球藻属 Tetrachlorella	+	+		+		+
胶网藻属 Dictyosphaerium			+			
盘星藻属 Pediastrum			+	+	+	+
集星藻属 Actinastrum	+	+	+	+	+	
胶带藻属 Gloeotaenium	+		+	+		
月牙藻属 Selenastrum			+	+		+
小球藻属 Chlorella		+	+		+	+
顶棘藻属 Chodatella		+	+	+		
四角藻属 Tetraedron	+	+	+	+	+	
蹄形藻属 Kirchneriella	+	+	+	+	+	+

续表

浮游植物物种	流域分布					
	汾河	沁河	桑干河	滹沱河	漳河	黄河干流山西段
刚毛藻属 *Cladophora*	+	+	+	+	+	
浮球藻属 *Planktosphaeria*	+		+	+	+	
并联藻属 *Quadrigula*		+	+	+	+	
卵囊藻属 *Oocystis*	+	+	+	+	+	+
链丝藻属 *Hormidium*	+		+	+		
双胞藻属 *Geminella*			+		+	
多芒藻属 *Golenkinia*	+	+			+	
葡萄藻属 *Botryococcus*	+	+	+	+		
实球藻属 *Pandorina*	+	+	+	+	+	
空球藻属 *Eudorina*	+	+	+	+	+	
盘藻属 *Gonium*			+		+	
衣藻属 *Chlamydomonas*	+	+	+	+	+	+
壳衣藻属 *Phacotus*	+		+	+	+	+
红球藻属 *Haematococcus*	+					
新月藻属 *Closterium*	+	+	+	+	+	+
鼓藻属 *Cosmarium*	+	+	+	+		
角星鼓藻属 *Staurastrum*				+		
水绵属 *Spirogyra*	+	+	+		+	
双星藻属 *Zygnema*	+	+				
球囊藻属 *Sphaerocystis*	+					
小桩藻属 *Characium*						+
四鞭藻属 *Carteria*					+	+
团藻属 *Volvox*						+
四孢藻属 *Tetraspora*						+
纤维藻属 *Ankistrodesmus*	+	+	+	+	+	
肾形藻属 *Nephrocytium*				+		+
被刺藻属 *Franceia*				+		+
绿梭藻属 *Chlorogonium*						+
转板藻属 *Mougeotia*						+
丝藻属 *Ulothrix*						+
多甲藻属 *Peridinium*	+		+	+	+	+
薄甲藻属 *Glenodinium*	+		+	+	+	+
角甲藻属 *Ceratium*	+		+	+		
囊裸藻属 *Trachelomonas*	+	+	+	+	+	+
扁裸藻属 *Phacus*	+	+	+	+	+	

续表

浮游植物物种	流域分布					
	汾河	沁河	桑干河	滹沱河	漳河	黄河干流山西段
裸藻属 Euglena	+	+	+	+	+	+
陀螺藻属 Strombomonas	+				+	
鳞孔藻属 Lepocinclis						+
黄管藻属 Ophiocytium	+					
黄丝藻属 Tribonema	+				+	
隐藻属 Cryptomonas	+	+	+	+	+	+
蓝隐藻属 Chroomonas	+	+		+		
锥囊藻属 Dinobryon	+	+		+		
棕鞭藻属 Ochromonas	+		+			
金藻属 Chromulina	+	+	+	+	+	+
三毛金藻属 Prymnesium						+
等鞭金藻属 Isochrysis						+
金变形藻属 Chrysamodba				+		

注:"+"表示物种有分布。

表7-4 山西省主要河流浮游动物物种及分布

浮游动物物种	流域分布					
	汾河	沁河	桑干河	滹沱河	漳河	黄河干流山西段
太阳虫属 Actinophrys	+	+	+	+	+	+
急游虫属 Strombidium	+	+	+	+	+	+
侠盗虫属 Strobilidium	+	+	+	+	+	+
弹跳虫属 Hlateria	+	+			+	
变形虫属 Ameoba	+	+	+	+	+	+
草履虫属 Paramecium	+	+				
钟虫属 Vorticella	+	+	+	+	+	+
板壳虫属 Coleps	+					
刺胞虫属 Acanthocystis	+	+	+			+
长吻虫属 Lacrymaria	+					
游仆虫属 Euplotes	+	+	+	+		
表壳虫属 Arcella	+				+	
聚缩虫属 Zoothamnium		+	+			
累枝虫属 Epistylis		+				+
矛刺虫属 Hastatella		+	+			
葫芦虫属 Cucurbitella		+				
砂壳虫属 Difflugia	+	+		+	+	+

续表

浮游动物物种	流域分布					
	汾河	沁河	桑干河	滹沱河	漳河	黄河干流山西段
似铃壳虫属 Tintinnopsis					+	+
栉毛虫属 Didinium			+			+
肾形虫属 Colpoda			+		+	
缨球虫属 Cyclotrichium					+	
眼虫属 Euglena	+	+	+	+		
斜口虫属 Enchelys	+	+				
前口虫属 Frontonia	+					
尾丝虫属 Uronema	+					
膜袋虫属 Cyclidium		+	+	+		
刀口虫属 Spathidium		+				
裸口虫属 Holophrya			+			+
棘球虫属 Acanthosphaera			+	+		
四膜虫属 Tetrahymena		+				+
斜毛虫属 Plagiopyla			+			
映毛虫属 Cinetochilum			+			
焰毛虫属 Askenasia			+	+	+	+
漫游虫属 Lionotus						
管叶虫属 Trachelophyllum			+			
斜管虫属 Chilodonella					+	+
鳞壳虫属 Eugbypha		+				+
古纳氏虫属 Naegleria		+				
盖虫属 Opercularia						+
长颈虫属 Dileptus						
喇叭虫属 Stentor					+	
车轮虫属 Trichodina			+			
龟甲轮虫属 Keratella	+	+	+	+	+	+
臂尾轮虫属 Brachionus	+	+	+	+	+	+
异尾轮虫属 Trichocerca	+	+	+	+	+	+
多肢轮虫属 Polyarthra	+	+	+	+	+	+
单趾轮虫属 Monostyla	+	+	+	+	+	
腔轮虫属 Lecane	+	+	+	+		
巨头轮虫属 Cephalodella	+	+	+	+		
泡轮虫属 Pompholyx	+	+	+	+	+	
三肢轮虫属 Filinia	+	+	+	+	+	+

续表

浮游动物种	流域分布					
	汾河	沁河	桑干河	滹沱河	漳河	黄河干流山西段
晶囊轮虫属 Asplanchna		+	+		+	+
无柄轮虫属 Ascomorpha	+	+	+	+	+	+
鬼轮虫属 Trichotria		+	+	+		
镜轮虫属 Testudinalla	+	+	+	+	+	+
狭甲轮虫属 Colurella			+	+	+	+
旋轮虫属 Philodina		+		+		
龟纹轮虫属 Anuraeopsis			+	+	+	+
疣毛轮虫属 Synchaeta			+	+		+
柱头轮虫属 Eosphora					+	+
须足轮虫属 Euchlanis				+		+
猪吻轮虫属 Dicranophorus			+			
鞍甲轮虫属 Lepadella		+				
叶轮虫属 Notholca				+		+
腹尾轮虫属 Gastropus		+				+
胶鞘轮虫属 Collotheca		+		+		
溞属 Daphnia	+	+	+		+	
秀体溞属 Diaphanosoma			+	+		
象鼻溞属 Bosmina	+					+
盘肠溞属 Clydorus				+		
裸腹溞属 Moina					+	+
剑水蚤科 Cyclopidae	+	+	+	+	+	+
短角猛水蚤科 Cletodidae	+	+				
无节幼体 Nauplius	+	+	+	+	+	+

注:"+"表示物种有分布。

表7-5 山西省主要河流水生和岸带植物物种及分布

水生和岸带植物物种	流域分布					
	汾河	沁河	桑干河	滹沱河	漳河	黄河干流山西段
黑三棱 Sparganium racenosum Hudson				+	+	
芦苇 Phragmites australis (Cav.) Trin. ex Steud.	+	+	+	+	+	+
大芦 Phragmites karka (Retz.) Trin.				+		
稗 Echinochloa crusgali (L.) Beauv.	+					
无芒稗(变种)Echinochloa crusgali var. mitis (Pursh) Pererm.	+					

续表

水生和岸带植物物种	流域分布					
	汾河	沁河	桑干河	滹沱河	漳河	黄河干流山西段
茵草 Beckmannia syziachne (Steud.) Fern.				+	+	+
假苇拂子茅 Calamagrostis pseudophragmites (Hall. F.) Koel.	+	+		+	+	+
水稗 Echinochloa phyllopogon (Stapf) Koss.			+		+	
双穗雀稗 Paspalum distichum L.					+	
牛鞭草 Hemarthria altissima (Poir.) Stapf et C. E. Hubb.					+	
草地早熟禾 Poa pratensis L.	+					
星星草 Puccinellia tenuiflora (Griseb.) Scribn.	+					
狗尾草 Setaria viridis (L.) Beauv.	+	+	+	+	+	+
虎尾草 Chloris virgata Swartz	+	+	+	+	+	
狼尾草 Pennisetum alopecuroides (L.) Spreng.	+	+	+		+	
荻 Triarrhena sacchariflora (Maxim.) Nakai	+	+			+	
白羊草 Bothriochloa ischaemum (L.) Keng	+	+				
香蒲 Typha orientalis Presl.	+		+	+		
宽叶香蒲 Typha latifolia L.	+	+	+	+		+
狭叶香蒲 Typha angustifolia L.			+	+		+
长苞香蒲 Typha domingensis Pers.	+	+				
大苞香蒲（变种）Typha angustifolia var. angustata (Bory et Chaubard) Jordan				+		
小香蒲 Typha minima Funk.	+			+		+
花叶露兜 Pandanus veitchii Dall.	+				+	
鸭舌草 Monochoria vaginalis (Burm. F.) Presl ex Kunth	+					
凤眼莲 Eichhornia crassipes (Marl.) Solms	+				+	
水鳖 Hydrocharis dubia (Bl.) Backer	+	+	+	+	+	+
水车前 Ottelia alismoides (L.) Pers.					+	
轮叶黑藻 Hydrilla verticillata (Linn. f.) Royle	+					
水麦冬 Triglochin palustre L.						+
眼子菜 Potamogeton distinctus A. Bennett	+		+			
篦齿眼子菜 Potamogeton pectinatus L.	+	+		+	+	
竹叶眼子菜 Potamogeton wrightii Morong	+	+	+			
浮叶眼子菜 Potamogeton natans L.			+			
小眼子菜 Potamogeton pusillus L.	+	+				
马来眼子菜 Potamogeton malaianus L.			+		+	
光叶眼子菜 Potamogeton lucens L.	+		+			

续表

水生和岸带植物物种	流域分布					
	汾河	沁河	桑干河	滹沱河	漳河	黄河干流山西段
穿叶眼子菜 *Potamogeton perfoliatus* L.	＋	＋	＋			
菹草 *Potamogeton crispus* L.	＋	＋	＋	＋	＋	
川蔓藻 *Ruppia maritime* L.	＋					
泽泻 *Alisma plantagoaquatica* L.	＋	＋	＋	＋	＋	
窄叶泽泻 *Alisma cannaliculatum* A. Br. et Bouche.		＋		＋	＋	
慈姑 *Sagittaria trifolia* L.	＋		＋		＋	
野慈姑 *Sagittaria trifolia* L. var. *trifolia*			＋			
菖蒲 *Acorus calamus* L.	＋					
浮萍 *Lenina minor* L.		＋	＋			＋
紫背浮萍 *Spirodela polyrrhiza* (L.) Schleid	＋		＋	＋	＋	＋
少根紫萍 *Spirocfeza oligorrhiza* (Kurz.) Hegelm				＋		
三叉萍 *Lemna perpusilla* Torr.			＋			
美人蕉 *Canna indica* L.	＋					
灯芯草 *Juncus effuses* L.				＋		
小灯芯草 *Juncus bufunius* L.	＋					
野荸荠 *Heleocharis plantagineiformis* Tang et Wang	＋					＋
具刚毛荸荠 *Eleocharis valleculosa* Ohwi f. *setosa* (Ohwi) Kitagawa		＋		＋		
羽毛荸荠 *Eleocharis wichurai* Boeckeler				＋		
假马蹄 *Eleocharis ochrostachys* Steud.			＋	＋	＋	
牛毛毡 *Eleocharis yokoscensis* (Franch. et Sav.) Tang et Wang				＋		＋
荆三棱 *Scirpus yagara* Ohwi				＋		＋
扁杆薦草 *Scirpus planiculmis* Fr. Schmidt	＋		＋		＋	＋
东方薦草 *Scirpus orentahs* Ohwi	＋		＋			
薦草 *Scirpus triqueter* L.	＋		＋		＋	
钻苞薦草 *Scirpus lithoralis* Schard.			＋	＋		
矮莎草 *Cyperus pygmaeus* Rottb				＋		
头状穗莎草 *Cyperus glomeratus* L.		＋		＋	＋	
扁穗莎草 *Cyperus compressus* L.	＋	＋		＋	＋	
球穗莎草 *Cyperus glometarus* All.	＋					
水莎草 *Juncellus serotinus* (Rottb.) C. B. Clarke	＋	＋	＋		＋	
水葱 *Scirpus validus* Vahl			＋			＋

续表

水生和岸带植物物种	流域分布					
	汾河	沁河	桑干河	滹沱河	漳河	黄河干流山西段
香附子 Cyperus rotundus L.	+	+	+	+	+	+
薹草 Carex sp.					+	
三穗薹草 Carex tristachya Thunb.	+			+		
针薹草 Carex dahurica Kük.				+		
披针叶薹草 Carex zanceotoa Boott				+		
日照飘拂草 Fimbristylis miliacen (L.) Vahl		+				
铃兰 Convallaria majalis L.	+	+	+	+	+	+
知母 Anemarrhena asphodeloides Bunge	+	+	+	+	+	+
玉竹 Polygonatum odoratum (Mill) Druce	+	+	+	+	+	+
黄精 Polygonatum sibiricum Delar	+	+	+	+	+	+
鹿药 Smilacina japonica A. Gray	+	+	+	+	+	+
薤白 Allium macrostemon Bunge	+	+	+	+	+	+
天蓝韭 Allium cyaneum Regel	+	+	+	+	+	+
长柱韭 Allium longistylum Bzker	+		+	+		
细叶韭 Allium tenuissimum L.	+	+	+	+	+	+
藜芦 Veratrum nigrum L.	+	+	+	+	+	+
山丹 Lilium pumilum DC.	+	+	+	+	+	+
绶草 Spiranthes sinensis (Pers.) Ames	+		+	+	+	+
刺果酸模 Rumex maritimus L.		+				
皱叶酸模 Rumex crispus L.	+					
齿果酸模 Rumex dentatus L.					+	
扁蓄 Polygonum aviculare L.	+				+	
春蓼 Persicaria maculosa (Lam.) Holub		+		+		
水蓼 Persicaria hydropiper (L.) Spach	+	+	+	+	+	+
两栖蓼 Persicaria amphibium (L.) S. F. Gray	+		+		+	
酸模叶蓼 Persicaria lapathifolium (L.) S. F. Gray	+	+	+	+	+	+
柔茎蓼（变种）Persicaria kawagoeana (Makino) Nakai	+					
红蓼 Persicaria orientale (L.) Spach	+	+	+	+	+	+
长鬃蓼 Persicaria longisetum (Bruijn) Moldenke	+					
华北大黄 Rheum franzenbachii Munt.	+	+	+	+	+	+
风花菜 Rorippa globosa (Turcz.) Hayek				+	+	
独行菜 Lepidium apetalum Wild.	+					
豆瓣菜 Nasturtium officinale R. Br.	+		+	+	+	
沼生蔊菜 Rorippa islandica (Oeder) Borb.	+					

续表

水生和岸带植物物种	流域分布					
	汾河	沁河	桑干河	滹沱河	漳河	黄河干流山西段
宽叶独行菜 Lepidium latifolium L. var. affine C. A. Mey.	+	+	+	+	+	+
荠菜 Capsella bursa-pastoris (Linn.) Medic.	+	+	+	+	+	+
二月兰 Orychophragmus violaceus (L.) O. E. Schulz		+	+	+	+	+
大花蚓果芥 Torularia humilis (C. A. Mey.) O. E. Schulz f. grandiflora O. E. Schulz	+		+	+		+
糖芥 Erysimum bungei (Kitag.) Kitag.	+	+	+	+	+	+
柳叶菜 Epilobium hirsutum L.				+		
欧菱 Trapa natanus L.					+	
格菱 Trapa pseudoincisa Nakai					+	
毛茛 Ranunculus japonicas Thunb.	+	+				
浮毛茛 Ranunculus natans C. A. Mey	+					
西南毛茛 Ranunculus ficariifolius Levl et Vant			+			
石龙芮 Ranunculus soeleratus L.					+	
浮叶毛茛 Ranunculus fluitans Lam.						+
水毛茛 Batrachium bungei (Steud.) L. Liou				+	+	
黄花水毛茛（变种）Batrachium bungei var. flavidum (Hand.-Mazz.) L. Lious	+					
圆叶碱毛茛 Halerpestes cymbalaria (Push) Green			+			
长叶碱毛茛 Halerpestes ruthenica (Jacq.) Ovcz.	+		+	+		+
水葫芦苗 Halerpestes sarmentosus (Adans) Komar.	+		+			
铁线莲 Clematis florida Thunb.				+		
灌木铁线莲 Clematis fruticosa Turcz.	+	+	+	+	+	+
半钟铁线莲 Clematis ochotensis Poir.	+		+	+		+
短尾铁线莲 Clematis brevicaudata DC.	+		+	+	+	+
粗齿铁线莲 Clematis argentilucida (Levl. et Vant.) W. T.	+	+			+	+
大叶铁线莲 Clematis heracleifolia DC.	+		+	+		+
芹叶铁线莲 Clematis aethusifolia Turcz.	+		+	+	+	+
黄花铁线莲 Clematis intricata Bunge	+		+	+		+
小茴茴蒜 Ranunculus chinensis Bunge						+
金莲花 Trollius chinensis Bunge	+	+	+	+	+	+
北乌头 Aconitum kusnezoffii Reichb.	+	+	+	+	+	+

续表

水生和岸带植物物种	流域分布					
	汾河	沁河	桑干河	滹沱河	漳河	黄河干流山西段
牛扁 Aconitum barbatum Pers. var. puberulum Ledeb.	+			+		+
华北乌头 Aconitum soongaricum Stapf var. angustius W. T. Wang	+	+	+	+	+	+
翠雀 Delphinium grandiflorum L.	+	+	+	+	+	+
华北耧斗菜 Aquilegia yabeana Kitag.	+	+	+	+	+	+
耧斗菜 Aquilegia viridiflora Pall.	+	+	+	+	+	+
瓣蕊唐松草 Thalictrum petaloideum L.	+	+	+	+	+	+
小花草玉梅 Anemone rivularis Buch.-Ham. var. flore-minore Maxim.	+	+	+	+	+	+
大火草 Anemone tomentosa (Maxim.) Pei	+	+		+		+
白头翁 Pulsatilla chinensis (Bunge) Regel	+	+	+	+	+	+
兴安升麻 Cimicifuga dahurica (Turcz.) Maxim.	+			+		+
穗状狐尾藻 Myriopllyllum spicatum L.	+	+				
金鱼藻 Ceratoplyllum demersum L.		+		+	+	
益母草 Leonurus japonicus Houtt.				+		+
薄荷 Mentha canadensis L.	+	+	+	+	+	+
水棘针 Amethystea caerulea L.	+					
黄芩 Scutellaria baicalensis Georgi	+	+	+	+	+	+
并头黄芩 Scutellaria scordifolia Fisch. ex Schrank	+	+	+	+	+	+
地笋 Lycopus lucidus Thurez.		+		+	+	
硬毛地笋 Lycopus lucidus Turcz. ex Benth var. hirtus Regel	+	+	+	+		+
硬毛地笋（变种）Lycopus lucidus Turcz. var. hirfus Regel	+					
百里香 Thymus mongolicus Ronn.	+		+	+		+
白苞筋骨草 Ajuga lupulina Maxim.	+					
筋骨草 Ajuga ciliata Bunge	+	+			+	
夏至草 Lagopsis supina (Steph.) Ik.-Gal.	+	+	+	+	+	+
康藏荆芥 Nepeta prattii Levl.	+		+	+	+	+
香青兰 Dracocephalum moldavica L.	+	+	+	+	+	+
毛建草 Dracocephalum rupestre Hance	+	+	+	+	+	+
糙苏 Phlomis umbrosa Turcz	+	+	+	+	+	+
华水苏 Stachys chinensis Bunge	+		+	+		+
甘露子 Stachys sieboldii Miq.	+	+	+	+	+	+

续表

水生和岸带植物物种	流域分布					
	汾河	沁河	桑干河	滹沱河	漳河	黄河干流山西段
香薷 *Elsholtzia ciliata* (Thunb.) Hyland.	+	+	+	+	+	+
木香薷 *Elsholtzia stauntoni* Benth.	+	+	+	+	+	
白花水八角 *Gratiola joporica* Miq.				+		
北水苦荬 *Veronica anallisaquatica* L.	+					
水苦荬 *Veronica undulate* Wall	+					
水芹 *Oenanthe javanica* (Blume) DC.	+	+		+	+	
泽芹 *Sium suave* Walt				+		
北柴胡 *Bupleurum chinense* DC.	+	+	+	+	+	+
黑柴胡 *Bupleurum smithii* Wolff	+	+	+	+	+	
葛缕子 *Carum carvi* L.	+		+		+	
华北前胡 *Peucedanum harry-smithii* Fedde ex Wolff	+	+	+	+	+	+
白芷 *Angelica dahurica* (Fisch. ex Hoffm.) Benth. et Hook. f. ex Franch. et Sav.	+		+	+		
山西独活 *Heracleum schansianum* Fedde ex Wolff	+	+	+	+	+	+
杉叶藻 *Hippuris vulgaris* L.	+		+			
荇菜 *Nymphoides peltatum* (Gmel.) O. Kuntze	+				+	
紫菀 *Aster tataricus* L. f.	+	+	+	+	+	
三脉紫菀 *Aster ageratoides* Turcz.	+	+	+	+	+	
秋英 *Cosmos bipinnatus* Cav.		+			+	
狗娃花 *Heteropappus hispidus* (Thunb.) Less.	+	+				
阿尔泰狗娃花 *Heteropappus altaicus* (Willd.) Novopokr.	+	+	+	+	+	+
旋覆花 *Inula japonica* Thunb.	+	+		+	+	
野菊 *Chrysanthemum indicum* L.		+		+	+	
小红菊 *Dendranthema chanetii* (Levl.) Shih	+	+	+	+	+	+
甘菊 *Dendranthema lavandulifolium* (Fisch. ex Trautv.) Ling et Shih	+	+	+	+	+	+
苍耳 *Xanthium strumarium* L.	+					
蒲公英 *Taraxacum mongolicum* Hand.-Mazz.	+	+	+	+	+	+
鼠曲草 *Gnaphalium affine* D. Don				+	+	
飞蓬 *Erigeron acer* L.	+				+	
鳢肠 *Eclipta prostrata* L.	+					
毛连菜 *Picris* sp.				+		
刺儿菜 *Cirsium setosum* (Willd.) MB.	+	+	+	+	+	+

续表

水生和岸带植物物种	流域分布					
	汾河	沁河	桑干河	滹沱河	漳河	黄河干流山西段
鬼针草 Bidens pilosa L.	+	+	+	+	+	
狼杷草 Bidens tripartita L.	+	+			+	
艾 Artemisia argyi Levl et Van	+	+	+	+	+	
茵陈蒿 Artemisia capillaris Thunb.	+	+	+	+	+	
黄花蒿 Artemisia annua L.		+		+	+	
蒌蒿 Artemisia selengensis Turcz. ex Bess.		+			+	
飞廉 Carduus nutans L.	+	+				
长叶火绒草 Leontopodium longifolium Ling	+		+	+		+
疏叶香青 Anaphalis sinica Hance var. remota Ling	+	+	+	+	+	+
烟管头草 Carpesium cernuum L.	+	+	+	+	+	+
高山蓍 Achillea alpina L.	+	+	+	+	+	+
款冬 Tussilago farfara L.	+	+	+	+	+	+
狭苞橐吾 Ligularia intermedia Nakai	+	+	+	+	+	+
兔儿伞 Syneilesis aconitifolia (Bge.) Maxim.	+	+	+	+	+	+
林荫千里光 Senecio nemorensis L.	+	+	+	+	+	+
额河千里光 Senecio argunensis Turcz	+	+	+	+	+	+
蓝刺头 Echinops sphaerocephalus L.	+	+	+	+	+	+
魁蓟 Cirsium leo Nakai et Kitag.	+	+		+	+	+
猬菊 Olgaea lomonosowii Iljin	+		+	+		+
牛蒡 Arctium lappa L.	+	+	+	+	+	+
祁州漏芦 Stemmacantha uniflora Dittrich	+	+	+	+	+	+
紫苞风毛菊 Saussurea purpurascens Hance	+	+	+	+		+
风毛菊 Saussurea japonica (Thunb.) DC.	+	+	+	+	+	+
华北鸦葱 Scorzonera albicaulis Bunge	+	+	+	+	+	+
桃叶鸦葱 Scorzonera sinensis Lipsch. et Krasch. ex Lipsch.	+					
山柳菊 Hieracium umbellatum L.	+	+	+	+	+	+
苣荬菜 Sonchus arvensis L.	+	+	+	+	+	+
乳苣 Mulgedium tataricum (L.) DC.	+	+	+	+	+	+
小苦荬菜 Ixeridium chinense (Thunb.) Tzvel	+	+	+	+	+	+
抱茎小苦荬 Ixeridium sonchifolia (Maxim.) Shih		+	+	+	+	+
蚂蚱腿子 Myripnois dioica Bunge	+	+	+	+	+	+

续表

水生和岸带植物物种	流域分布					
	汾河	沁河	桑干河	滹沱河	漳河	黄河干流山西段
党参 Codonopsis pilosula (Franch.) Nannf.	+	+	+	+	+	+
长柱沙参 Adenophora stenanthina (Ledeb.) Kitagawa	+		+	+		+
狭长花沙参 Adenophora elata Nannf.	+		+	+		+
多歧沙参 Adenophora wawreana Zahlbr.	+	+	+	+		+
通泉草 Mazus japonicus (Thunb.) O. Kuntze	+					
柳穿鱼 Linaria vulgaris Mill.	+					
地黄 Rehmannia glutinosa (Gaetn.) Libosch. ex Fisch. et Mey.	+	+	+	+		
水蔓菁 Veronica linariifolia Pall. ex Link subsp. dilatata (Nakai et Kitagawa) D. Y. Hong	+	+	+	+	+	+
山罗花 Melampyrum roseum Maxim.	+	+	+	+	+	+
松蒿 Phtheirospermum japonicum (Thunb.) Kanitz	+		+	+	+	+
小米草 Euphrasia pectinata Ten.	+		+	+	+	+
疗齿草 Odontites serotina (Lam.) Dum.	+		+	+		+
穗花马先蒿 Pedicularis spicata Pall.	+		+	+	+	+
红纹马先蒿 Pedicularis striata Pall.	+	+	+	+	+	+
藓生马先蒿 Pedicularis muscicola Maxim.	+		+	+	+	+
中国马先蒿 Pedicularis chinensis Maxim.	+		+	+		+
阴行草 Siphonostegia chinensis Benth.	+	+	+	+	+	+
蒙古芯芭 Cymbaria mongolica Maxim.	+		+	+		+
黄花狸藻 Utricularia aurea Lour.	+					
草木樨 Melilotus officinalis (L.) Pall.	+					
达乌里黄芪 Astragalus dahuricus (Pall.) DC.					+	
野大豆 Glycine soja Sieb. et Zucc	+					
天蓝苜蓿 Medicago lupulina L.	+				+	
灰绿藜 Chenopodium glaucum L.	+					
小藜 Chenopodium serotinum L.	+					
莲 Nelumbo nucifera Gaerln				+		+
睡莲 Nymphaea tetragona Georgi	+					
王莲 Victoria regia Lindl.	+					
芡实 Euryale ferox Salish. ex DC.	+			+		+
海乳草 Glaux maritima L.	+		+			
朝天委陵菜 Potentilla supina L.	+	+	+	+	+	+

续表

水生和岸带植物物种	流域分布					
	汾河	沁河	桑干河	滹沱河	漳河	黄河干流山西段
匍枝委陵菜 Potentilla flagellaris Willd. ex Schlecht.	+	+	+	+	+	+
蕨麻 Argentina anserina (L.) Rydb.	+	+			+	
多茎委陵菜 Potentilla multicaulis Bunge	+	+	+	+	+	+
委陵菜 Potentilla chinensis Ser.	+	+	+	+	+	+
绢毛匍匐委陵菜 Potentilla reptans L. var. sericophylla Franch.						
三裂绣线菊 Spiraea trilobata L.	+	+	+	+	+	+
土庄绣线菊 Spiraea pubescens Turcz.	+	+	+	+	+	+
灰栒子 Cotoneaster acutifolius Turcz.	+	+	+	+	+	+
金露梅 Dosiphora fruticosa L.	+			+	+	
银露梅 Potentilla glabra Lodd.	+		+		+	+
美蔷薇 Rosa bella Rehd. et Wils	+	+	+	+	+	+
稠李 Prunus padus L.	+	+	+	+	+	+
水杨梅 Ceum aleppicum Jacq.	+	+	+	+	+	+
东方草莓 Fragaria orientalis Lozinsk.	+	+	+	+	+	+
蛇莓 Duchesnea indica (Andr.) Focke	+	+	+	+	+	+
龙芽草 Agrimonia pilosa Ldb.	+	+	+	+	+	+
地榆 Sanguisorba officinalis L.	+	+	+	+	+	+
千屈菜 Lythrum salicaria L.				+		
大车前 Plantago major L.	+	+	+	+	+	+
车前 Plantago asiatica L.		+	+	+	+	
长叶车前 Plantago lanceolata L.	+					
苋 Amaranthus tricolor L.	+	+	+	+	+	
马齿苋 Portulaca oleracea L.	+	+	+	+	+	
费菜 Sedum aizoon L.	+	+	+	+	+	+
瓦松 Orostachys fimbriatus (Turcz.) Berger	+					
小丛红景天 Rhodiola dumulosa (Franch.) S. H. Fu	+		+	+		+
狭叶红景天 Rhodiola kirilowii (Regel) Maxim.	+	+	+	+	+	+
堪察加景天 Sedum kamtschaticum Fisch.	+	+	+	+	+	+
垂盆草 Sedum sarmentosum Bunge	+	+	+	+	+	+
曼陀罗 Datura stramonium L.	+	+		+	+	+
青杞 Solanum septemlobum Bunge	+	+	+	+	+	+
天仙子 Hyoscyamus niger L.	+	+	+	+	+	+

续表

水生和岸带植物物种	流域分布					
	汾河	沁河	桑干河	滹沱河	漳河	黄河干流山西段
牵牛花 *Ipomoea nil* (L.) Roth	+	+	+	+	+	+
圆叶牵牛 *Ipomoea purpurea* Lam.	+	+	+	+	+	+
马蹄金 *Dichondra repens* Forst.				+		
打碗花 *Calystegia hederacea* Wall. ex. Roxb.	+	+	+	+	+	+
田旋花 *Convolvulus arvensis* L.	+	+	+	+	+	+
葎草 *Humulus scandens* (Lour.) Merr.	+					
华忽布 *Humulus lupulus* L. var. *cordifolius* Maxim.	+		+	+		+
达乌里龙胆 *Gentiana dahurica* Fisch.	+		+	+		+
秦艽 *Gentiana macrophylla* Pall.	+	+	+	+	+	+
鳞叶龙胆 *Gentiana squarrosa* Ledeb.	+	+	+	+	+	+
扁蕾 *Gentianopsis barbata* (Froel.) Ma	+	+	+	+	+	+
皱边喉毛花 *Comastoma polycladum* (Diels et Gilg) T. N. Ho	+		+	+		+
花锚 *Halenia corniculata* (L.) Cornaz	+	+	+	+	+	+
椭圆叶花锚 *Halenia elliptica* D. Don	+	+	+	+	+	+
辐状肋柱花 *Lomatogonium rotatum* (L.) Fries ex Nym.			+	+		+
獐牙菜 *Swertia bimaculata* (Sieb. et Zucc.) Hook. f. et Thoms. ex C. B. Clarke	+		+	+		+
瘤毛獐牙菜 *Swertia pseudochinensis* Hara	+					
苦参 *Sophora flavescens* Alt.	+	+	+	+	+	+
披针叶野决明 *Thermopsis lanceolata* R. Br.	+					+
歪头菜 *Vicia unijuga* A. Br.	+	+	+	+	+	+
广布野豌豆 *Vicia cracca* L.	+	+	+	+	+	+
三齿萼野豌豆 *Vicia bungei* Ohwi	+	+	+	+	+	+
糙叶黄芪 *Astragalus scaberrimus* Bunge	+	+	+	+	+	+
直立黄芪 *Astragalus adsurgens* Pall.	+	+	+	+	+	+
米口袋 *Gueldenstaedtia verna* (Georgi) Boriss. subsp. *multiflora* (Bunge) Tsui	+	+	+	+	+	+
狭叶米口袋 *Gueldenstaedtia stenophylla* Bunge	+	+	+	+	+	+
砂珍棘豆 *Oxytropis psamocharis* Hance	+					
地角儿苗 *Oxytropis bicolor* Bunge	+	+	+	+	+	+
硬毛棘豆 *Oxytropis hirta* Bunge	+					
蓝花棘豆 *Oxytropis caerulea* (Pall.) DC.	+		+	+		+
甘草 *Glycyrrhiza uralensis* Fisch.	+		+	+		+

续表

水生和岸带植物物种	流域分布					
	汾河	沁河	桑干河	滹沱河	漳河	黄河干流山西段
白刺花 Sophora davidii (Franch.) Pavilini	+	+			+	
铁扫帚 Indigofera bungeana Steud.	+	+	+	+	+	+
丽豆 Calophaca sinica Rehd	+				+	
胡枝子 Lespedeza bicolor Turcz.	+	+	+	+	+	+
多花胡枝子 Lespedeza floribunda Bunge	+	+	+	+	+	+
达乌里胡枝子 Lespedeza davurica (Laxm.) Schindl	+	+	+	+	+	+
杭子梢 Campulotropis macrocarpa (Bunge) Rehd	+	+	+	+	+	+
照山白 Rhododendron micranthum Turcz.	+	+	+	+	+	+
小花溲疏 Deutzia parviflora Bunge	+	+	+	+	+	+
大花溲疏 Deutzia grandiflora Bunge	+	+	+	+	+	+
东陵八仙花 Hydrangea bretschneideri Dippel.	+	+	+	+	+	+
伞花胡颓子 Elaeagnus umbellate Thunb	+	+			+	
河朔荛花 Wikstroemia chamaedaphne Meisn.	+	+		+	+	+
鄂北荛花 Wikstroemia pampaninii Rehd.	+		+	+		+
黄瑞香 Daphne giraldii Nitsche.					+	
乳浆大戟 Euphorbia esula L.	+	+	+	+	+	+
大戟 Euphorbia pekinensis Rupr.	+	+	+	+	+	+
雀儿 Leptopus chinensis (Bunge) Pojark.	+	+	+	+	+	+
乌头叶蛇葡萄 Ampelopsis aconitifolia (Bunge)	+	+	+	+	+	+
刺五加 Acanthopanax senticosus (Rupr. et Maxim.) Harms	+	+	+	+	+	+
杠柳 Periploca sepium Bunge	+	+	+	+	+	+
荆条 Vitex negundo L. var. heterophylla (Franch.) Rehd.	+	+	+	+	+	+
红丁香 Syringa villosa Vahl.	+		+		+	+
薄皮木 Leptodermis oblonga Bunge	+	+	+	+	+	+
蒙古荚蒾 Viburnum mongolicum (Pall) Rehd.	+	+	+	+	+	+
陕西荚蒾 Viburnum schensianum Maxim.	+	+	+	+	+	+
六道木 Abelia biflora Turcz.	+	+	+	+	+	+
金花忍冬 Lonicera chrysantha Turcz. ex Ledeb	+	+	+	+	+	+
葱皮忍冬 Lonicera ferdinandii Franch.	+	+	+	+	+	+
北马兜铃 Aristolochia contorta Bunge	+	+	+	+	+	+
白屈菜 Chelidonium majus L.	+	+	+	+	+	+

续表

水生和岸带植物物种	流域分布					
	汾河	沁河	桑干河	滹沱河	漳河	黄河干流山西段
野罂粟 *Papaver nudicaule* L.	+	+	+	+	+	+
角茴香 *Hypecoum erectum* L.	+	+	+	+	+	+
地丁草 *Corydalis bungeana* Turcz.	+	+	+	+	+	+
蝇子草 *Silene fortunei* Vis.	+			+		
石生蝇子草 *Silene tatarinowii* Regel	+	+	+	+	+	+
石竹 *Dianthus chinensis* L.	+		+	+	+	+
瞿麦 *Dianthus superbus* L.	+	+	+	+	+	+
二色补血草 *Limonium bicolor* (Bag.) Kuntze	+		+	+		+
草芍药 *Paeonia obovata* Maxim.	+	+	+	+	+	+
苘麻 *Abutilon theophrasti* Medicus	+	+	+	+	+	+
野葵 *Malva verticillata* L.	+	+	+	+	+	+
野西瓜苗 *Hibiscus trionum* L.	+	+	+	+	+	+
紫花地丁 *Viola philippica* Cav.	+	+	+	+	+	+
羽裂堇菜 *Viola forrestiana* W. Beck.	+			+		
裂叶堇菜 *Viola dissecta* Ledeb.	+	+	+	+	+	+
栝楼 *Trichosanthes kirilowii* Maxim.	+					
狼尾花 *Lysimachia barystachys* Bunge	+	+	+	+	+	+
狭叶珍珠菜 *Lysimachia pentapetala* Bunge	+	+	+	+	+	+
北点地梅 *Androsace septentrionalis* L.	+	+	+	+	+	+
胭脂花 *Primula maximowiczii* Regel	+	+	+	+	+	+
红升麻 *Astilbe chinensis* Franch	+	+	+	+	+	+
梅花草 *Parnassia palustris* L.	+	+	+	+	+	+
细叉梅花草 *Parnassia oreophila* Hance	+	+	+	+	+	+
爪虎耳草 *Saxifraga unguiculata* Engl. var. *limprichtii* J. T. Pan	+			+		
刺梨 *Ribes burejense* Fr. Schmidt	+	+	+	+	+	+
狼毒 *Euphorbia fischeriana* Steud.	+	+				
柳兰 *Epilobium angustifolium* L.	+		+	+		+
野亚麻 *Linum stelleroides* Planch.	+	+	+	+	+	+
远志 *Polygala tenuifolia* Willd.	+	+	+	+	+	+
蒺藜 *Tribulus terrester* L.	+	+	+	+	+	+
酢浆草 *Oxalis corniculata* L.	+	+	+	+	+	+
毛蕊老鹳草 *Geranium platyanthum* Duthie	+	+	+	+	+	+
草地老鹳草 *Geranium pratense* L.	+		+	+		+

续表

水生和岸带植物物种	流域分布					
	汾河	沁河	桑干河	滹沱河	漳河	黄河干流山西段
粗根老鹳草 Geranium dahuricum DC.	+		+	+		+
牻牛儿苗 Erodium stephanianum Willd.	+	+	+	+	+	+
水金凤 Impatiens noli-tangere L.	+	+	+	+	+	+
鹅绒藤 Cynanchum chinense R. Br.	+	+		+		+
花荵 Polemonium coeruleum L.	+		+	+		+
勿忘草 Myosotis silvatica Ehrh. ex Hoffm.	+					
附地菜 Trigonotis peduncularis (Trev.) Benth. ex Baker et Moore	+	+	+	+	+	+
砂引草 Messerschmidia sibirica L.	+		+			+
角蒿 Incarvillea sinensis Lam.	+	+	+	+	+	+
蓬子菜 Galium verum L.	+	+	+	+	+	+
羽裂叶莛子藨 Triosteum pinnatifidum Maxim.						
败酱 Patrinia scabiosaefolia Fisch. ex Trev.	+	+	+	+	+	+
岩败酱 Patrinia rupestris (Pall.) Juss.						
日本续断 Dipsacus japonicus Miq.	+	+	+	+	+	+
华北蓝盆花 Scabiosa tschiliensis Grun.	+		+	+	+	+
鸭跖草 Commelina communis L.	+	+	+	+	+	+
矮紫苞鸢尾 Iris ruthenica Ker.-Gawl. var. nana Maxim.	+					
木贼 Equisetum hiemale L.	+				+	+
问荆 Equisetum arvense L.	+			+		+
草问荆 Equisetum retense Ehrhart	+	+	+	+	+	+
溪木贼 Equisetum fuwiaile L.	+					
槐叶蘋 Saluinia natans (L.) All.					+	
溪洞碗蕨 Denstaedtia wilfordii (Moore) Christ				+		
华北蹄盖蕨 Athyrium pachyphlebium C. Chr.		+			+	+
冷蕨 Gystopteris fragilis (L.) Bernh.	+					
山冷蕨 Gystopteris sudetica A. Braun et Milde	+					
毛轴假蹄盖蕨 Athyriopsis petersenii (Kunze) Ching						+
团羽铁线蕨 Adiantum capillus-junonis Rupr.		+			+	+
井栏边草 Pteris multifida Poir.						+
东方狗脊 Woodwardia orientalis Sw.						+
贵阳铁角蕨 Asplenium interjectum Christ						+

续表

水生和岸带植物物种	流域分布					
	汾河	沁河	桑干河	滹沱河	漳河	黄河干流山西段
雅致针毛蕨 *Macrothelypteris oligophlebia* var. *elegans* (Koidz.) Ching						+
沼泽蕨 *Thelypteris palustris* (L.) Schott						+
高大耳蕨 *Polystichum altum* Ching ex L. B. Zhang et H. S. Kung						+

注："+"表示物种有分布。

索 引

A

艾 *Artemisia argyi* 132
螯虾科 Cambaridae 47

B

白羊草 *Bothriochloa ischaemum* 118
稗 *Echinochloa crus-galli* 119
板壳虫属 *Coleps* 91
蚌科 Unionidae 52
棒花鮈 *Gobiorivuloides* 18
棒花鱼 *Abbottina rivularis* 17
薄甲藻属 *Glenodinium* 83
北鳅 *Lefua costata* 11
背角无齿蚌 *Anodonta woodianawoodiana* 52
篦齿眼子菜 *Potamogeton pectinatus* 109
臂尾轮虫属 *Brachionus* 97
扁蜉科 Heptageniidae 30
扁卷螺科 Planorbidae 51
扁裸藻属 *Phacus* 85
扁穗莎草 *Cyperus compressus* 114
变形虫属 *Ameoba* 95
藨草 *Scirpus triqueter* 112
并联藻属 *Quadrigula* 81
波氏吻鰕虎鱼 *Rhinogobius cliffordpopei* 24
波缘藻属 *Cymatopleura* 67
薄荷 *Mentha canadensis* 146
布纹藻属 *Gyrosigma* 63

C

鳌 *Hemiculter lauciusculu* 16
苍耳 *Xanthium strumarium* 128
草履虫属 *Paramecium* 90
草木樨 *Melilotus officinalis* 139
草鱼 *Ctenopharyngodon idellus* 13
颤蚓科 Tubificidae 53
颤藻属 *Oscillatoria* 58
长苞香蒲 *Typha domingensis* 108
长臂虾科 Palaemonidae 44
车前 *Plantago asiatica* 146
池沼公鱼 *Hypomesus olidus* 28
匙指虾科 Atyoidae 46
穿叶眼子菜 *Potamogeton perfoliatus* 111
春蜓科 Gomphidae 35
刺胞虫属 *Acanthocystis* 96
蟌科 Coenagrionidae 37
粗壮高原鳅 *Triplophysa robusta* 10
脆杆藻属 *Fragilaria* 65

D

达里湖高原鳅 *Triplophysa dalaica* 9
达乌里黄芪 *Astragalus dahuricus* 140
大鳞副泥鳅 *Paramisgurnus dabryanus* 8
大蚊科 Tipulidae 38
大蚊属 *Tipula* 38
单趾轮虫属 *Monostyla* 98
等片藻属 *Diatoma* 65
荻 *Triarrhena sacchariflora* 117
顶棘藻属 *Chodatella* 76
独行菜 *Lepidium apetalum* 142
短角猛水蚤科 Cletodidae 105
短须颌须鮈 *Gnathopogon imberbis* 20
多甲藻属 *Peridinium* 82

多肢轮虫属 Polyarthra　100

E

耳萝卜螺 Radix auricularia　50

F

飞廉 Carduus nutans　135
浮萍 Lemna minor　108
浮球藻属 Planktosphaeria　77
蜉蝣科 Ephemeridae　32
负子蝽科 Belostomatidae　43

G

刚毛藻属 Cladophora　75
高体鳑鲏 Rhodeus ocellatus　21
弓形藻属 Schroederia　73
钩虾科 Gammaridae　47
狗尾草 Setaria viridis　119
古纳虫属 Naegleria　95
鼓藻属 Cosmarium　80
龟甲轮虫属 Keratella　96
龟纹轮虫属 Anuraeopsis　98
鬼轮虫属 Trichotria　100
鬼针草 Bidens pilosa　131

H

蔊菜 Rorippa indica　141
河蚬 Corbicula fluminea　51
黑龙江鳑鲏 Rhodeus sericeus　20
狐尾藻 Myriophyllum verticillatum　123
虎尾草 Chloris virgata　120
花翅大蚊属 Hexatoma　38
划蝽科 Corixidae　42
槐叶蘋 Salvinia natans　148
黄河鮈 Gobio huanghensis　19

黄河雅罗鱼 Leuciscus chuanchicus　14
黄颡鱼 Pelteobagrus fulvidraco　27

J

急游虫属 Strombidium　92
集胞藻属 Synechocystis　59
集星藻属 Actinastrum　81
荠 Capsella bursa-pastoris　142
蓟 Cirsium japonicum　130
鲫 Carassius auratus　12
假苇拂子茅 Calamagrostis peudophragmites　117
茧形藻属 Amphiprora　70
剑水蚤目 Cyclopoida　104
角甲藻属 Ceratium　84
角石蛾科 Stenopsychidae　32
角星鼓藻属 Staurastrum　72
金鱼藻 Ceratophyllum demersum　123
荆三棱 Scirpus yagara　112
镜轮虫属 Testudinalla　101
巨头轮虫属 Cephalodella　103
蕨麻 Argentina anserina　140

K

壳衣藻属 Phacotus　76
空星藻属 Coelastrum　81
宽鳍鱲 Zacco platypus　23

L

拉氏大吻鱥 Rhynchocypris lagowskii　15
蓝纤维藻属 Dactylococcopsis　61
狼杷草 Bidens tripartita　132
狼尾草 Pennisetum alopecuroides　121
累枝虫属 Epistylis　92
鲤 Cyprinus carpio　12
鲢 Hypophthalmichthys molitrix　15
鳞壳虫属 Pseudodifflugia　94

菱形藻属 Nitzschia 67
龙虱科 Dytiscidae 33
隆头高原鳅 Triplophysa alticeps 10
蒌蒿 Artemisia selengensis 134
芦苇 Phragmites australis 116
卵囊藻属 Oocystis 79
卵形藻属 Cocconeis 68
螺旋藻属 Spirulina 58
裸藻属 Euglena 85
葎草 Humulus scandens 147

M

马齿苋 Portulaca oleracea 127
马口鱼 Opsariichthys bidens 22
麦穗鱼 Pseudorasbora parva 17
曼陀罗 Datura stramonium 143
毛茛 Ranunculus japonicus 124
虻科 Tabanidae 39
猛水蚤目 Harpacticoida 105
黾蝽科 Gerridae 42
木贼 Equisetum hiemale 149

N

囊裸藻属 Trachelomonas 84
泥鳅 Misgurnus anguillicaudatus 7
拟鱼腥藻属 Anabaenopsis 62
鲶 Parasilurus asotus 26

O

欧菱 Trapa natans 122

P

盘星藻属 Pediastrum 78
盘藻属 Gonium 72
膀胱螺科 Physidae 49

泡轮虫属 Pompholyx 102
平裂藻属 Merismopedia 59
葡萄藻属 Botryococcus 80
蒲公英 Taraxacum mongolicum 129

Q

牵牛 Ipomoea nil 144
潜蝽科 Naucoridae 43
腔轮虫属 Lecane 99
桥弯藻属 Cymbella 64
青鳉 Oryzias latipes 28
蜻科 Libellulidae 36
秋英 Cosmos bipinnatus 137
球蚬属 Sphaerium 52
曲壳藻属 Achnanthes 68

R

日本沼虾 Macrobrachium nipponense 44

S

三角涡虫科 Dugesiidae 56
三肢轮虫属 Filinia 101
色螅科 Calopterygidae 37
色球藻属 Chroococcus 59
舌蛭科 Glossiphoniidae 55
十字藻属 Crucigenia 72
石蛭科 Erpobdellidae 54
实球藻属 Pandorina 74
食蚜蝇科 Syrphidae 41
似铃壳虫属 Tintinnopsis 94
双菱藻属 Surirella 67
双眉藻属 Amphora 65
双星藻属 Zygnema 82
水龟科 Hydrophilidae 34
水蓼 Persicaria hydropiper 125
水虻科 Stratiomyidae 39

水绵属 *Spirogyra* 73
水丝蚓属 *Limnodrilus* 53
水蝇科 Ephydridae 40
四角藻属 *Tetraedron* 77
四节蜉科 Baetidae 32
酸模叶蓼 *Persicaria lapathifolium* 125

T

薹草 *Carex* sp. 115
太阳鱼 *Lepomis gibbosus* 25
弹跳虫属 *Hlateria* 93
蹄形藻属 *Kirchneriella* 78
田螺科 Viviparidae 48
蜓科 Aeshnidae 36
铜锈环棱螺 *Bellamya aeruginosa* 48
头状穗莎草 *Cyperus glomeratus* 113
陀螺藻属 *Strombomonas* 86
椭圆萝卜螺 *Radix swinhoei* 50

W

微茫藻属 *Micractinium* 70
微囊藻属 *Microcystis* 61
伪蜻科 Corduliidae 35
尾鳃蚓属 *Branchiura* 53
纹石蛾科 Hydropsychidae 33
乌鳢 *Channa argus* 26
无节幼体 105
武威高原鳅 *Triplophysa wuweiensis* 9
舞虻科 Empididae 40

X

溪蟹科 Potamidae 46
侠盗虫属 *Strobilidium* 93
狭甲轮虫属 *Colurella* 97
蚬科 Corbiculidae 51
苋 *Amaranthus tricolor* 127

香蒲 *Typha orientalis* 106
象鼻溞属 *Bosmina* 104
小蜉科 Ephemerellidae 31
小环藻属 *Cyclotella* 69
小黄黝鱼 *Micropercops swinhonis* 25
小球藻属 *Chlorella* 75
小香蒲 *Typha minima* 107
蝎蝽科 Nepidae 41
新月藻属 *Closterium* 78
星杆藻属 *Asterionella* 66
秀丽白虾 *Exopalaemon modestus* 45
秀体溞属 *Diaphanosoma* 103
旋覆花 *Inula japonica* 138

Y

摇蚊科 Chironomidae 37
野荸荠 *Eleocharis plantagineiformis* 114
衣藻属 *Chlamydomonas* 75
医蛭科 Hirudinidae 54
异极藻属 *Gomphonema* 64
异尾轮虫属 *Trichocerca* 99
益母草 *Leonurus japonicus* 145
茵陈蒿 *Artemisia capillaries* 133
隐藻属 *Cryptomonas* 86
疣毛轮虫属 *Synchaeta* 100
游仆虫属 *Euplotes* 94
鱼蛉科 Corydalidae 34
鱼腥藻属 *Anabaena* 62
羽纹藻属 *Pinnularia* 63
月牙藻属 *Selenastrum* 74

Z

栅藻属 *Scenedesmus* 71
针杆藻属 *Synedra* 66
直链藻属 *Melosira* 69
栉毛虫属 *Didinium* 91
中华齿米虾 *Neocaridina denticulate sinensis* 46

中华鳑鲏 Rhodeus sinensis　21
中华小长臂虾 Palaemonetes sinensis　45
中华圆田螺 Cipangopaludina cahayensis　48
钟虫属 Vorticella　92
舟形无齿蚌 Anodonta euscaphys　52
舟形藻属 Navicula　62
皱叶酸模 Rumex crispus　126
猪吻轮虫属 Dicranophorus　101

竹叶眼子菜 Potamogeton wrightii　110
柱头轮虫属 Eosphora　102
椎实螺科 Lymnaeidae　50
锥囊藻属 Dinobryon　87
子陵吻鰕虎鱼 Rhinogobius giurinus　23
紫菀 Aster tataricus　136
菹草 Potamogeton crispus　109

参 考 文 献

蔡文仙，2013．黄河流域鱼类图志［M］．杨陵：西北农林科技大学出版社．
崔松林，李利红，胡振平，等，2013．黄河干流山西段鱼类组成及群落结构分析［J］．水产学杂志（5）：30-34．
段学花，王兆印，徐梦珍，2010．底栖动物与河流生态评价［M］．北京：清华大学出版社．
冯佳，沈红梅，谢树莲，2011．汾河太原段浮游藻类群落结构特征及水质分析［J］．资源科学，33（6）：1111-1117．
傅鹏，2012．山西沁河干流重金属污染现状研究［D］．太原：山西大学．
韩茂森，束蕴芳，1995．中国淡水生物图谱［M］．北京：海洋出版社．
洪松，陈静生，2002．中国河流水生生物群落结构特征探讨［J］．水生生物学报，26（3）：295-305．
侯林，吴孝兵，2007．动物学（修订本）［M］．北京：科学出版社．
胡鸿均，魏印心，2006．中国淡水藻类：系统、分类及生态［M］．北京：科学出版社．
环境保护部，2014．生物多样性观测技术导则 淡水底栖大型无脊椎动物：HJ 710.8—2014［S］．北京：中国环境科学出版社．
环境保护部，2014．生物多样性观测技术导则 内陆水域鱼类HJ 710.7—2014［S］．北京：中国环境科学出版社．
李思忠，2017．黄河鱼类志［M］．青岛：中国海洋大学出版社．
李英明，潘军峰，2004．山西河流［M］．北京：科学出版社．
辽宁省水利厅，辽宁大伙房水库管理局，2012．大伙房水库水生动植物图鉴［M］．沈阳：辽宁科学技术出版社．
刘修业，王良臣，杨竹舫，等，1981．海河水系鱼类资源调查［J］．淡水渔业（2）：36-43．
山西省生态环境研究中心，日本埼玉县环境科学国际中心，2016．山西省晋城市沁河流域水生生物调查图谱［M］．太原：山西科学技术出版社．
山西省水产科学研究所，2014．山西渔业资源［M］．太原：山西科学技术出版社．
山西省水利厅，2011．2011年山西省水资源公报［EB/OL］．（2018-05-17）［2021-02-23］．http://slt.shanxi.gov.cn/zncs/szyc/szygb/201805/t20180516_81376.html．
山西省水利厅，2012．2012年山西省水资源公报［EB/OL］．（2018-05-16）［2021-02-23］．http://slt.shanxi.gov.cn/zncs/szyc/szygb/201805/t20180516_81377.html．
山西省水利厅，2013．2013年山西省水资源公报［EB/OL］．（2018-05-17）［2021-02-23］．http://slt.shanxi.gov.cn/zncs/szyc/szygb/201805/t20180517_81390.html．
山西省水利厅，2014．2014年山西省水资源公报［EB/OL］．（2018-05-17）［2021-02-23］．http://slt.shanxi.gov.cn/zncs/szyc/szygb/201805/t20180517_81391.html．
山西省水利厅，2015．2015年山西省水资源公报［EB/OL］．（2018-05-17）［2021-02-23］．http://slt.shanxi.gov.cn/zncs/szyc/szygb/201805/t20180517_81392.html．
山西省水利厅，2016．2016年山西省水资源公报［EB/OL］．（2018-05-17）［2021-02-23］．http://slt.shanxi.gov.cn/zncs/szyc/szygb/201805/t20180517_81393.html．
山西省水利厅渔业资源和渔业区划编写组，1989．山西省渔业资源和渔业区划［Z］．
太原市园林植物保护站，2015．太原野生花卉［M］．太原：山西科学技术出版社．
田立新，杨莲芳，李佑文，1996．中国经济昆虫志：第四十九册：毛翅目（一）小石蛾科 角蛾科 纹石蛾科 长角石蛾科［M］．北京：科学出版社．
王爱爱，冯佳，谢树莲，2014．汾河中下游浮游藻类群落特征及水质分析［J］．环境科学，35（3）：915-923．
王备新，杨莲芳，2004．我国东部底栖无脊椎动物主要分类单元耐污值［J］．生态学报，24（12）：2768-2775．
王飞，王石会，李博，等，2009．山西省水生维管束植物新资料［J］．山西林业科技，38（1）：52-54．
吴相钰，陈守良，葛明德，2014．陈阅增普通生物学［M］．4版．北京：高等教育出版社．
武欣，赵瑞亮，2015．滹沱河山西段鱼类资源现状及分析［J］．山西水利科技（2）：126-128．
赵家荣，刘艳玲，2009．水生植物图鉴［M］．武汉：华中科技大学出版社．
赵文，2016．水生生物学［M］．2版．北京：中国农业出版社．

中国科学院水生生物研究所，上海自然博物馆，1982. 中国淡水鱼类原色图集（第一集）[M]. 上海：上海科学技术出版社.
中国科学院武汉植物研究所，1983. 中国水生维管束植物图谱[M]. 武汉：湖北人民出版社.
中国科学院中国植物志编辑委员会，2010. 中国植物志[M]. 北京：科学出版社.
中华人民共和国住房和城乡建设部，中华人民共和国国家质量监督检验检疫总局，2015. 河流流量测验规范：GB 50179—2015[S]. 北京：中国计划出版社.
周凤霞，陈剑虹，2011. 淡水微型生物与底栖动物图谱[M]. 2版. 北京：化学工业出版社.
朱国清，赵瑞亮，胡振平，等，2014. 山西省主要河流鱼类分布及物种多样性分析[J]. 水产学杂志（2）：38-45.
朱浩然，2007. 中国淡水藻志：第九卷　蓝藻门　藻殖段纲[M]. 北京：科学出版社.